U0590267

基于录音艺术下的声音设计理论及实践

吕一新 著

中国商业出版社

图书在版编目（CIP）数据

基于录音艺术下的声音设计理论及实践 / 吕一新著. 北京 ：中国商业出版社，2024. 12. -- ISBN 978-7 -5208-3261-8

Ⅰ．TN912.3

中国国家版本馆CIP数据核字第2024RY6975号

责任编辑：陈　皓

策划编辑：常　松

中国商业出版社出版发行

（www.zgsycb.com 100053 北京广安门内报国寺1号）

总编室：010-63180647　编辑室：010-83114579

发行部：010-83120835/8286

新华书店经销

定州启航印刷有限公司印刷

*

710 毫米 × 1000 毫米　16 开　13.25 印张　200 千字

2024 年 12 月第 1 版　2024 年 12 月第 1 次印刷

定价：78.00 元

* * * *

（如有印装质量问题可更换）

前　言

在全球化的浪潮之中，信息技术迅猛发展，带动了影视制作行业的高度繁荣。中国作为一个文化大国，近年来在影视制作技术和艺术上的进步有目共睹，尤其是在声音设计领域，取得了显著的成果。声音设计作为影视制作中不可或缺的重要组成部分，不仅提升了作品的艺术感染力，也丰富了观众的情感体验。然而，国内关于声音设计的系统理论和实践指导书籍却相对匮乏，《基于录音艺术下的声音设计理论及实践》正是在这样的背景下应运而生。

本书旨在为从事影视制作或有志于进入这一领域的专业人士提供理论和实践上的双重指导。书中不仅涵盖了声音设计的基础理论，还详细阐述了相关设备的使用技巧和实践操作，通过对具体案例的分析，揭示声音设计过程中可能遇到的各种问题及其解决方法。笔者希望通过本书，为读者提供一套系统、严谨且具有实际指导意义的声音设计知识体系，从而推动我国声音艺术领域的发展。

全书共分为六章，每一章都涵盖了声音设计的不同方面。第一章回顾了从无声片到有声片的历史变迁，以及声音记录方式的演变。第二章深入探讨了声音的物理属性、生理及心理特性和艺术属性。第三章着重介绍了录音场地、调音设备、记录设备、监听设备及其他辅助设备的使用。第四章提供了构思、技术及人员筹备的指导。第五章和第六章则分别详细阐述了同期录音及声音设计的原理和后期制作过程。

　　本书的特点包含以下几个方面：第一，本书采用了系统化和条理化的编写方式，从基础理论到实践操作，再到实际案例逐步深入，使读者能够循序渐进地掌握声音设计的各个环节。第二，本书特别注重实际应用，每一章都配有丰富的实例、图表和操作步骤，帮助读者更好地理解和操作。第三，本书除了传统的文字叙述，还通过二维码链接的视频演示及附带的音频文件，为读者提供了多媒介的学习体验，让知识更加贴近实践。第四，本书内容新颖，紧跟行业动态，尤其重视对新技术、新设备的介绍和操作，确保内容的前瞻性和实用性。

　　本书适合影视制作专业的学生、声音工程师、录音师及其他相关行业从业者。同时，也对有志于进入声音设计领域的初学者，提供了一个全面且详尽的入门指南。专业的理论讲解结合实际操作和案例分析，使不同层次的读者都能够从中获益。无论是专业人士，还是业余爱好者，本书都能成为您在声音设计领域不断进步的有效工具。通过阅读本书，希望每一位读者都能在实际工作中不断提升声音设计的艺术感染力和技术水平，为国内影视创作的繁荣发展贡献一份力量。

目　录

第一章　声音艺术的发展轨迹

第一节　从无声片到有声片的发展历程

一、电影的诞生

（一）电影诞生前期的技术准备

1. 视觉暂留原理

视觉暂留是一种重要的视觉现象，它指的是当光线通过眼睛进入视网膜后，即便光源或物体已经消失，图像仍能在视网膜上保留一段时间。这种现象的科学解释为视网膜上感光细胞对光的响应不是瞬时消失，而是有一定的延续性。正是由于这种视觉暂留，人们能够看到连续的动画或影像，而不仅仅是一系列静止的画面。

1829 年，比利时物理学家约瑟夫·普拉多对视觉暂留原理进行了科学的观察和记录。普拉多通过实验发现，即使一个物体从人眼前快速移开，该物体的影像仍旧能在短暂的时间内留存在观察者的视网膜上。这一发现对后续的影像技术发展具有里程碑意义。基于视觉暂留原理，普拉多在1832年发明了"诡盘"。这一装置通过在旋转的硬纸盘上绘制一系列稍有变化的图像实现，当硬纸盘快速旋转时，由于视觉暂留的效应，这些静态图像在视觉上会合成一幅连续动态的影像。这种设计巧妙地利用了视觉暂留原理，使得观看者能够体验到动画的视觉效果，为后来电影和其他相关视觉媒体技术的发展奠定了基础。继普拉多之后，1834年，美国人霍尔纳改进了这一技术，发明了"活动视盘"。这种设备进一步优化了图像的展示效果，使动态视觉的表现更为流畅和真实。霍尔纳的活动视盘通过增加图像数量和改善旋转机制，使得动态效果更加明显，为观众提供了更加生动的视觉体验。到了1853年，奥地利的冯·乌却梯奥斯将军结合幻灯技术，进一步扩展了这一原理的应用，通过幻灯放映技术展示原始画片。这种技术的使用不仅仅局限于小规模的实验，而是向大众展示了动态影像的魅力，开启了影像技术在公众娱乐中应用的新篇章。

视觉暂留原理及其应用的发展揭示了科技与视觉艺术相结合的巨大潜力。从普拉多的诡盘到现代电影技术的飞跃，这一原理不断推动视觉媒体技术的创新，改变了人们接收和处理视觉信息的方式。

2. 不断进步的摄影技术

摄影技术的演变为电影的诞生提供了技术基础和实验平台。从最早的照片到动态影像的捕捉，每一步技术革新都显著推动了视觉媒体的发展，最终促成了电影这一艺术形式的出现。

1826年，尼埃普斯在法国拍摄了《窗外》，这是世界上首张成功的照片，曝光时间长达8h。这一里程碑事件标志着人类首次能够捕捉并保留瞬间的真实图像，虽然耗时漫长，但这种技术的出现开启了后续无数实验和改进的大门。随后，随着感光材料的改良、银版照相技术的引入，拍摄时间缩短至30min左右，极大地提高了拍摄效率。到了1851年，湿版摄影的出现进一步革命化了摄影技术。珂珞酊底版的使用，将摄影时间缩短到1s，这一技术进步使得拍摄动态场景成为可能。在此期间，克劳黛特、杜波斯克等摄影师利用这项技术成功拍摄了运动照片，这表明了连续动态图像捕捉的可行性，为后来电影技术的发展奠定了基础。1872 年至 1878 年，爱德华·慕布里奇在美国进行了具有突破性的摄影实验。他使用 24 架照相机连续拍摄奔跑的马，每台相机捕捉一帧特定的运动瞬间。当这些分解动作的照片连续展示时，能够模拟出运动的视觉效果。此后，慕布里奇在幻灯上成功地放映了这些动作，观众能在银幕上看到骏马奔跑的连续动态，这一实验显著推动了动态视觉再现技术的进步。1882 年，受慕布里奇工作的启发，法国科学家马莱进一步改进了连续摄影技术，发明了"摄影枪"。这一设备能够快速地连续拍摄多帧图像，大大提高了影像捕捉的效率和连续性。马莱的发明连同强森制造的"转动摄影器"，共同推动了"活动底片连续摄影机"的创造。这些创新为后来电影放映技术的发展提供了重要的技术基础。

通过这一系列的技术进步，摄影从捕捉静态图像逐步过渡到记录连续动态场景，最终促成了电影的发明。电影，作为一种全新的艺术和娱乐形式，其诞生依赖于摄影技术的发展。每一次技术的突破不仅解决了图像捕捉和处理的技术难题，也为艺术表现提供了更广阔的空间。从尼埃普斯的第一张照片到慕布里奇的动态捕捉，再到马莱的连续摄影，这些技术进步共同铺就了通向电影这一视觉艺术的道路。

（二）国外影像拍摄和放映实验推动了电影技术的发展

1888 年到 1895 年，欧洲和美国的技术创新者在影像拍摄和放映方面进行了一系列突破性的实验。这些实验不仅推动了电影技术的发展，而且为后来的电影产业的兴起奠定了坚实的基础。

1. 法国雷诺发明"光学影戏机"

1888 年，雷诺发明了"光学影戏机"，在摄影和影像展示领域迈出了革命性的一步。通过这台机器，雷诺成功拍摄了世界上第一部动画片《一杯可口的啤酒》，这部作品不仅是技术上的突破，也为后世电影和动画的发展开辟了新的可能。

雷诺的光学影戏机的工作原理基于视觉暂留效应，这是一种生理现象，其中视网膜对光线的感应会在光源消失后短暂留存。利用这一原理，光学影戏机通过快速连续展示序列图像，创造了一种连续动态的视觉体验。观众通过这种方式能够观看到看似运动的图像，这种技术的应用为后来的动画和电影提供了基础理论和技术支持。

在这一创新的背后，是雷诺对影像科技深入的探索和不懈的实验。《一杯可口的啤酒》的成功拍摄显示了连续图像播放的魅力，并验证了动态影像在娱乐和艺术表达中的巨大潜力。雷诺的设备简单而有效，它不仅能够捕捉静态画面，更重要的是，能够通过连续展示这些画面，使其动起来，为观众提供了一种全新的视觉体验。此外，雷诺的技术尝试对当时的艺术界和科技界产生了广泛的影响。它不仅激发了其他发明家和艺术家对动画技术的兴趣，也推动了电影技术的进一步探索和发展。光学影戏机的设计和原理在后来的电影放映机和相机设计中有所体现，证明了其对现代视觉传媒技术的深远影响。

2.爱迪生发明电影留影机

紧随雷诺的创新之后，托马斯·爱迪生在1889年迈出了重要的技术步伐，成功发明了电影留影机，这是一种能够拍摄连续影像的设备。这一发明标志着电影技术的重大进展，为动态视觉艺术的表现提供了新的机会。

电影留影机的设计允许连续捕捉影像，从而克服了早期摄影技术只能捕捉静态画面的限制。通过这种技术，爱迪生不仅捕获了连续的影像，而且开启了电影叙事的可能性，使得动态故事的讲述成为可能。这一进步为电影的艺术表达和技术发展奠定了基础。爱迪生对电影留影机的创造并未止步。经过五年的不断试验和改进，他于1894年发明了电影视镜。这项发明利用胶片的连续转动产生活动的幻象，极大地增强了影像的动态效果。电影视镜通过特定的机械装置使胶片在观众面前快速旋转，借助视觉暂留效应，创造出连续运动的视觉体验。这种技术的应用，不仅提高了影像质量，而且极大地丰富了观众的视觉体验，为后续电影技术的发展提供了重要的技术支持。

电影视镜的公映在纽约引起了广泛关注。这场公映不仅是技术展示，更是一种全新娱乐形式的呈现。观众对这种全新的观影体验反响热烈，电影视镜的展示成为一个文化事件，标志着电影作为一种大众媒介的诞生。爱迪生的这项发明，因其在娱乐和技术上的双重影响，使他及其团队在美国乃至全球范围内赢得了巨大的声誉。

3. 卢米埃尔兄弟发明"活动电影机"

到了 1895 年，法国的卢米埃尔兄弟——奥古斯塔和路易斯，利用先前的技术进步和自身的研究成果，成功研制出了"活动电影机"。这一发明集摄影、放映和洗印功能于一体，展示了卓越的技术整合能力。此设备通过以每秒 16 帧的速度拍摄和放映影片，确保了图像的清晰度和稳定性，并且大幅提升了观影的连贯性和流畅性。

卢米埃尔兄弟的活动电影机在技术上的创新之处，在于它的多功能性和高效率。该机器的设计允许从拍摄到放映到洗印，所有步骤在单一设备上完成，极大简化了电影的生产流程。这种一体化的处理方式，减少了电影制作的复杂性和成本，使得电影制作变得更为广泛和实用。此外，活动电影机的设计特点也包括其对图像稳定性的强调。通过每秒 16 帧的拍摄速度，卢米埃尔兄弟确保了影像在放映时的平滑过渡，有效避免了早期电影中常见的画面闪烁和不稳定现象。这种技术进步的优势在于改善了观影体验，并大大提高了电影艺术的表现力，允许更复杂的场景和动作在屏幕上得到更为流畅和真实的呈现。

卢米埃尔兄弟的这项发明，在电影史上具有举足轻重的地位。它之所以能代表电影技术的一个重大飞跃，是因为其不仅推动了图像质量的提升，也极大地简化了电影的制作和放映流程。这使得电影作为一种新兴的大众娱乐形式，更容易被大众接受和欣赏。卢米埃尔兄弟的发明不仅使电影技术走向成熟，也为电影的商业化和普及奠定了坚实的基础。

活动电影机的问世，也因此成为电影艺术和工业发展的一个转折点。卢米埃尔兄弟通过这项发明，一方面，解决了技术上的难题；另一方面，也开辟了电影作为视觉艺术表达的新领域。它允许导演和制片人探索更多的创意可能，使得电影从单纯的技术展示转变为能够传达情感、讲述故事的艺术形式。

此外，其他国家如德国、比利时和瑞典也在同一时期进行了类似的影像拍摄和放映实验。这些国家的技术创新者通过各种实验，探索了多种影像捕捉和处理技术，尽管他们的具体贡献可能没有爱迪生或卢米埃尔兄弟那样广为人知，但他们的努力同样对电影技术的进步起到了推动作用。

（三）电影的诞生

1895 年 12 月 28 日，这一天标志着电影历史上的一次重大的突破。在巴黎的卡普辛路 14 号咖啡馆中，卢米埃尔兄弟向大众展示了一系列纪实短片，包括《水浇园丁》《婴儿的午餐》《工厂大门》等 12 部影片。这一事件被广泛认为是电影从实验性质转向公众娱乐的重要转折点，卢米埃尔兄弟因此被誉为"电影之父"。

这次放映不只是简单的影片展示，更是电影技术和艺术表现形式的一次集中呈现。卢米埃尔兄弟通过这些短片展示了电影的多种可能性，从记录日常生活的简单场景到创造具有戏剧性的视觉效果，他们的作品向观众揭示了动态影像捕捉现实的独特能力。此外，卢米埃尔兄弟是最早利用银幕进行投射式放映的电影制作者。这种放映方式极大地改善了影像的视觉效果，使更大的观众群能够同时享受到电影带来的视觉盛宴。这种技术的采用也标志着电影放映技术的成熟，使电影成为一种可以大规模公共观赏的艺术形式。

这次公映的成功在证明了电影技术成熟的同时，还显示了电影作为一种新兴媒介的巨大潜力。电影不再是科技实验室中的小规模尝试，而是成为一种有力的大众娱乐工具。观众对这种新奇体验的热烈反应，预示了未来电影在全球文化中的重要地位。电影的诞生改变了人们的休闲方式，电影的视觉语言、叙事技巧和技术创新开辟了艺术表达的新领域，使得电影成为 20 世纪最具影响力的文化形式之一。因此，1895 年 12 月 28 日这一天，不仅仅是电影首次公开放映的日期，更是现代电影诞生的标志。卢米埃尔兄弟通过将技术创新与艺术视觉完美结合，赋予了电影以生命，也为后来的电影艺术家和技术专家提供了无限的灵感和可能。这一天标志着一个新时代的开启，电影开始其悠长的旅程，成为全球文化和娱乐的重要组成部分。

二、默片时代

（一）默片时代的电影

默片时代的电影，持续至 20 世纪 20 年代末。这一时期的电影缺乏声音的伴随，因此，制作人和演员必须依赖视觉元素来讲述故事和传达情感。影片中的对白和情绪主要通过演员的动作、姿态以及屏幕上的字幕来间接表达。

由于声音的缺失，演员在默片中的表演风格通常较为夸张。这包括明显的肢体动作和面部表情，旨在确保观众能够在没有听觉信息的情况下理解剧情和角色心理。这种表演方式尤其适合喜剧，因为喜剧元素能通过夸大的动作和表情直接引发观众的笑声。查理·卓别林的表演就是一个典型的例子，他的夸张动作和表情在默片喜剧中极富标志性。此外，默片的播放速度也构成了这一时代电影的特色。当时的放映机技术未完全成熟，使得电影的播放速度多变，通常介于每秒 16 ～ 23 帧，低于后来电影标准的每秒 24 帧。这种播放速度的不固定性，加上技术的限制，使得默片在播放时常呈现快速动作的效果，进一步强化了其喜剧效果，让动作看起来更为滑稽和夸张。

默片时代在电影史上具有重要意义。这一时期不仅是电影技术发展的关键阶段，也是电影艺术探索和创新的重要时期。尽管默片受到声音使用的限制，但是它们在视觉叙事和情感表达方面的创新和成就，为后续的电影艺术发展提供了丰富的经验和灵感。随着有声电影的出现和推广，默片逐步被淘汰，但其在电影艺术形式和技术探索上的贡献，依然受到了尊重和研究。

（二）默片时代的大师及其代表作品

在无声电影时期，诞生了众多电影艺术大师，如乔治·梅里埃、格里菲斯、谢尔盖·爱森斯坦和查理·卓别林。这些影坛巨匠在他们的电影生涯中不断积累和完善了多种电影表达方式和技术。随着20世纪20年代末期的到来，默片时代也进入了尾声，到这一时点，默片已经发展出了电影艺术的所有基本技法。

1. 乔治·梅里埃

乔治·梅里埃在默片时代做出了革命性的贡献，尤其在将戏剧性表现手法和照相特技融入电影制作中所展现的非凡创意。乔治·梅里埃被视为特技摄影的发明者，其工作极大地扩展了电影的视觉和叙述范畴。在梅里埃的技术创新之下，电影从简单的现实记录转变为一种能够展现幻想、奇迹和复杂情节的艺术形式。

乔治·梅里埃的电影作品，如在《月球之旅》中便充分展示了他如何将戏剧的元素与电影技术结合起来，创造出前所未有的视觉效果。在这部影片中，乔治·梅里埃利用多重曝光、时间倒流和消失技巧等手法，为观众呈现了一场充满想象力的月球探险。这些技术既增强了电影的娱乐性，也推动了叙事技巧的发展，使得电影能够跨越现实的限制，探索幻想与科幻的领域。

2. 格里菲斯

在默片时代中，格里菲斯的影响力无可比拟，其在电影叙事和技术上的创新开创了许多至今仍被采用的电影语言。格里菲斯首次在他的作品《一个国家的诞生》中使用了蒙太奇技术，尤其是平行蒙太奇，这一技术后来成为电影剪辑中的一种重要手法。通过平行蒙太奇，格里菲斯能够同时展现故事中发生在不同地点的事件，增强了叙述的动态性和紧张感，为观众提供了一种全新的视觉和情感体验。

此外，格里菲斯创新性地通过使用全景、近景和特写镜头的交替出现，极大地丰富了电影的时空表达。经其研究发现，通过改变景别及剪辑的节奏，电影不仅可以有效地叙述故事，还能深入表达情感，从而在观众心中引起共鸣。全景或远景镜头展现了广阔的背景，帮助观众理解故事的环境与上下文；而特写镜头则聚焦于细节，使观众能够近距离感受角色的情感波动，增强了观众的代入感。

格里菲斯还巧妙地运用了长镜头和短镜头来控制电影的节奏和氛围。长镜头通常带有平静和缓慢的效果，帮助构建情境和深化情感层面；相对地，短镜头则常用于构建紧张和动态的场景，加速叙事节奏，引导观众的情感高潮。这种对镜头运用的精确掌控，使得格里菲斯能够在无声的影片中，通过视觉手段有效地传达复杂的情感和动态故事。

3. 谢尔盖·爱森斯坦

谢尔盖·爱森斯坦在默片时代通过其创新的蒙太奇手法，对电影艺术的发展产生了深远的影响。他的作品《战舰波将金号》是苏联电影的里程碑，也是世界电影史上的经典之作，展示了电影语言的强大力量。在这部影片中，谢尔盖·爱森斯坦大量运用了对称、重复、隐喻和象征等蒙太奇手法，这些手法在增强叙事效果的同时也深化了影片的思想内容。

谢尔盖·爱森斯坦的蒙太奇理论强调通过影像的碰撞和对比来产生新的意义。《战舰波将金号》中的许多场景，如士兵在船上的叛乱、血腥的阶梯场景等，都通过这种剪辑技巧处理，以此传达出强烈的政治和社会信息。这种方法使观众在视觉上体验到场景的紧张和冲突，同时也在心理和情感上产生了强烈的影响。此外，谢尔盖·爱森斯坦在影片中运用象征和隐喻，赋予了物体和动作更深层次的意义。例如，不断重复的机械运动和对称的画面布局，强化了影片的节奏感和视觉冲击力，使得简单的叙述层面转化为复杂的思想表达。这种使用象征性元素的手法，使得《战舰波将金号》成为一个涵盖广泛政治和社会批评的艺术作品。

谢尔盖·爱森斯坦的贡献还体现在他对电影理论的深入探讨和系统阐述方面。他的理论作品，尤其是关于蒙太奇的论述，为后来的电影制作人和理论家提供了宝贵的参考和启发。

4. 查理·卓别林

查理·卓别林在无声电影时代表现出非凡的才华和创造力，成为电影史上最具影响力的人物之一。他采用自编、自导、自演的形式，亲自发行自己的电影，展示了在电影制作各环节的全面掌控能力。查理·卓别林的一系列经典作品，如《城市之光》《摩登时代》和《寻子遇仙记》，不仅丰富了电影艺术的表现形式，也深刻影响了全球电影的发展方向。

查理·卓别林的电影作品以其深刻的社会批评和富有感染力的喜剧元素而闻名。在《城市之光》中，他通过一系列精妙的喜剧情节，探讨了爱情、人性以及社会底层人物的生活困境，展现了其对深刻主题的独到见解和表达能力。《摩登时代》则是在有声电影发明之后仍以无声形式制作的影片，其中巧妙地使用了机械化的声音元素，如收音机和电视机，这是对新技术的一种应用，也反映了卓别林对现代工业社会的批评和反思。

更值得一提的是，查理·卓别林在自己的影片中亲自为无声电影配乐和加入声效，这在当时是一种创新的尝试。他的音乐和声效的加入，极大地丰富了电影的表现力，增强了电影的情感深度和艺术感染力。通过这种方式，卓别林保持了无声电影的传统魅力，也为电影艺术的转型期提供了崭新的表达方式。

（三）默片时代声音的出现

将电影影像与声音结合的概念是电影产生之初就存在的需求，观众期望在观看画面时也能听到相应的声音。即便在默片时代，电影实际上并非完全无声。

1.画面伴奏

自 1895 年 12 月 28 日电影诞生之初，卢米埃尔兄弟的放映场所就配备了现场钢琴师，为电影的视觉画面提供音乐伴奏。这种做法很快成为默片时期电影放映的标准配置。观众一步入剧院，就能体验到由现场音乐伴奏的电影观看体验，这种音乐通常由大型剧院的专门电影配乐乐队现场演奏。即便是那些没有能力雇用乐队的小型剧场，也会通过留声机同步播放音乐来增强观影体验。

音乐伴奏在默片时代的电影放映中扮演了重要角色，它不单是为了增添艺术氛围，还有一些实际的功能。一些学者指出，采用电影伴奏音乐的一个主要目的是掩盖当时粗糙的放映机所发出的噪声，这种噪声如果不加以掩盖，可能会影响观众的观影体验。此外，还有观点认为，音乐的存在满足了观众的心理需求。在观看无声的画面时，配上音乐可以让观众感到更加舒适和愉悦，音乐与视觉内容的结合能够更好地引导观众的情感和反应。

2.主题伴奏

格里菲斯的电影《一个国家的诞生》采取了电影配乐的创新步骤。格里菲斯邀请了作曲家为影片作曲，而其首映式则伴随着管弦乐队的现场演奏。这种做法在当时的电影制作中是一个重大的创新，标志着电影音乐从简单的现场伴奏向更为复杂和精致的定制配乐过渡。同样，谢尔盖·爱森斯坦的《战舰波将金号》在德国上映时也采用了类似的方式。该电影的配乐是由作曲家专门为其创作，并在影片放映时由乐队现场演奏。这样的配乐不仅增强了电影的情感表达，也提高了观影的艺术体验，使得影片的叙事更加动人和引人入胜。

到了 20 世纪 50 年代，苏联电影作曲家克留克夫为《战舰波将金号》创作了一部完整的管弦乐作品。这部音乐作品虽然仍以现场演奏为主，但包含了丰富的主题元素，如第一、第二主题及它们之间的冲突。这种结构化的音乐安排既增加了电影的叙事深度，也使得音乐与电影更加紧密和有机的结合。特别是在电影中的特殊场景，克留克夫的音乐通过其强烈的节奏显著提升了该场景的视觉节奏和紧张感。音乐的动态变化与影像的快速剪辑相匹配，极大地加强了场景的戏剧性和观众的情感投入。这些实例显示，电影音乐的发展从早期的现场伴奏到后来的专门作曲和管弦乐队演奏，逐渐成为电影叙事的一个重要组成部分。

3. 字幕

在无声电影时期，字幕扮演了关键角色，通过文字形式向观众展示了主要对话和对电影内容的评价。这种做法提供了视觉上的信息，同时也充当了一种独特的声音。虽然不是通过声波传递，但字幕有效地传达了电影中的语言元素，增强了叙事的清晰度。

字幕的使用在无声电影中是必不可少的，因为它们提供了一种方式，使得观众能够在缺乏真实对话声音的情况下，理解人物之间的交流和电影的情节发展。这种文字介入不仅仅是补充视觉内容，更在某种程度上成为情感和信息传达的桥梁，让观众能够跟随电影的节奏和情感走向，深入体验故事。此外，字幕有时还会包含对电影内容的直接评价或解释，这为电影提供了一个评述层面，允许导演或编剧直接向观众传达特定的信息或感受，增强了电影与观众之间的互动性。这种文本上的互动方式，虽然与现代有声电影中的音效和对话有所不同，但在无声时代，它是连接观众与电影深层内容的重要手段。

（四）中国的默片时代

中国的默片时代持续了约30年（1905—1936年），这一时期虽然充满挑战，但也是中国电影初步发展和创造性探索的重要阶段。1905年，北京丰泰照相馆摄制的戏剧纪录片《定军山》诞生，这部作品标志着中国第一部无声电影的产生，开启了中国电影的历史。

尽管1930年中国已出现了第一部有声电影《歌女红牡丹》，但由于种种历史和技术原因，无声电影的大规模商业制作一直持续到1936年。这一时期，中国电影业虽然面临诸多困难，但在一代代电影人的不懈努力下，依然取得了显著的艺术成就。

在这 30 年间，正是因为中国电影人的不断探索和尝试，无声电影得以蓬勃发展。这些电影多以戏曲改编和社会题材为主，深受中国传统文化的影响，同时也反映了社会现实。电影制作人和艺术家利用有限的技术手段，创作出一系列具有深远影响的影片，例如郑正秋、张石川等电影人的作品，不仅技术成熟，而且在艺术表达上具有深刻的社会意义和艺术价值。此外，默片时代还催生了一批卓越的电影艺术大师和表演艺术家，他们的作品至今仍被视为中国电影的经典。这些作品通过其独特的叙事方式和视觉风格，为后来的电影制作提供了丰富的灵感和基础。

在影片的发展壮大时期，中国的制片业也逐渐发达，尽管面临诸多外部挑战，中国的电影制作人通过创造性的适应和技术革新，不断推动着国内电影产业的前进。

三、有声片的诞生

（一）从留声机到唱片工业

人类在约 5000 年前就已经发明了记录语言的符号，但直到 19 世纪末，也就是 100 多年前，人类才发明了记录声音的技术。这项技术的开创带来了声音记录和播放领域的革命，极大地影响了音乐、娱乐乃至整个社会的交流方式。

1877 年，托马斯·爱迪生发明了留声机，这是一种通过机械手段记录和重现声音的装置。留声机的工作原理基于声音在空气中传播时产生的压缩运动，这些运动通过一个感应装置转化为机械振动。这些振动传递到一根金属针上，再由这根针将振动刻录在一个转动的蜡筒上。当蜡筒旋转时，金属针沿着刻录的痕迹移动，通过振动传递给与之连接的膜片，膜片的振动则再次转化为声波，从而复现了原始声音。尽管留声机的发明是一个里程碑，但它也存在一些技术上的局限。由于这种设备依赖物理和机械的记录方式，录音的质量受到了严重的限制。录音过程中，因为录音针振动变化微弱，导致许多细微的声音遗失，使得录制出来的声音显得单薄且枯燥。此外，留声机的设计要求演奏者和说话者必须紧靠在喇叭筒周围，音乐家甚至需要大声演奏以保证声音的录入，这种录音方式被称为"灌音"。另一个重大的局限在于，托马斯·爱迪生的留声机使用滚筒式蜡桶进行记录，这种格式的媒介无法进行高效的复制。这一限制阻碍了声音记录的广泛传播和商业化，因为每份录音都需要单独进行生产，无法大规模复制。

1887 年，埃米尔·伯利纳对这一技术进行了关键性的改进。他发明了横向刻纹的扁平录音圆盘，即我们今天所熟知的唱片。这种设计不仅提高了声音的录制质量，而且扁平圆盘的格式使得声音记录成为可以大量复制的媒介，从而彻底改变了音乐和声音记录的商业模式。

1895 年，唱片工业的出现标志着声音记录技术的商业化和普及化。1901 年，埃米尔·伯利纳成立了 Victor 公司，开始利用虫胶大量生产圆盘唱片。这些唱片不仅质量较高，而且能够进行大规模生产和销售，极大地降低了成本，使得留声机成为家庭中不可或缺的娱乐设备。伯利纳的发明解决了音乐复制的问题，使得音乐和其他音频内容可以被广泛地生产和分发。随着唱片工业的兴起，音乐家的作品能够触及更广泛的听众，音乐和表演艺术的传播途径也因此发生了根本变化。

（二）磁性录音技术的产生

磁性录音技术的发展是录音历史上的一次重大革新，标志着从机械式录音向电子技术的过渡。这一进程开始于 1904 年，英国的 J. A. 弗莱明发明了二极管，1906 年，美国的 L. 德·福雷斯特进一步发明了具有放大能力的三极管。随后出现的多极管，包括四极管和五极管，为电子放大器的诞生奠定了基础。这些电子放大器能够将声波放大数万倍，极大地提高了声音的传输效率和清晰度。1924 年，电磁刻纹头和话筒等换能器的使用使录音和放音质量得到了显著提高。这些技术的革新使得录音不再依赖纯粹的机械振动，而是转向了电磁原理的应用，开启了录音技术的新篇章。

磁性录音的概念由丹麦的瓦尔德马尔·波尔森最初提出，其他因此被公认为磁性录音技术的发明者。他的发明，名为"录音电话机"，最早使用的磁性介质是钢丝。这种设备通过电流产生磁场，将声音信息录制在介质如细钢丝或钢带上。20世纪初，这一技术随着电子技术的发展而得到实用化，尤其是钢丝式和钢带式录音机。

1939年，纽约举行了世界上第一次钢带式录音机立体声表演，显示了这一技术的先进性和实用潜力。然而，钢带和钢丝作为录音介质存在诸多不便，它们不仅成本高昂、体积笨重，而且电磁性能低下，操作复杂。这些介质的最高纪录频率仅为 5000 ~ 6000Hz，无法满足高质量录音的需求。为了克服这些限制，研究人员开始探索使用更轻便、操作更灵活的新型磁性介质。将磁粉涂到较软的介质上制成磁带的方法应运而生，纸基磁带和塑料基磁带相继问世。1935年，德国的通用电气（AEG）公司制造出了世界上第一台商品磁带录音机，使用的磁带是由德国巴斯夫（BASF）公司生产，采用羰基铁粉涂抹在醋酸盐带基上。1936年，改用氧化铁作为磁粉，这一改变进一步提高了录音质量。1938—1940年，德国、美国和日本在原有的偏磁技术基础上，分别发明了超音频交流偏磁法。这种技术使录音质量得到进一步提高，标志着磁性录音技术进入了一个成熟阶段，为后来的数字录音技术奠定了基础。

磁性录音的发展彻底改变了音频记录和播放的方式，使得声音可以被高质量地记录、保存和复制，极大地推动了音乐、广播和其他多媒体行业的发展。

（三）有声片的诞生

录音机和磁性录音技术的发明极大地推动了电影技术的发展，特别是在音频和视觉的结合上。在20世纪20年代之前，一种常见的电影放映方法是在电影院同时播放电影和唱片，这种双拷贝方式持续了一段时间。这一实践直接受到了录音技术发展的影响，尽管中间尝试了光学录音，但这种技术维持的时间很短，随后磁性录音技术的出现显著提高了录音质量。磁性录音质量的优越性促进了有声电影的诞生。

1910 年 8 月 27 日，托马斯·爱迪生宣布了他的一项重要发明——有声电影，他邀请了一些观众到位于新泽西州西奥兰治的爱迪生实验室，观看了一种将留声机声音与电影摄影机图像结合起来的电影展示。托马斯·爱迪生的突破在于他能够同时记录声音和图像，这是之前其他尝试者未能实现的。通过一台既能录音也能拍摄的设备，托马斯·爱迪生创造了一种新的表演形式，允许演员在拍摄过程中自由移动，这在以前是无法想象的。

有声电影的制作方法涉及使用两种不同感光性能的底片：一种用于捕捉画面，另一种用于记录声音。这些底片在经过一系列工艺处理后，将声音和图像合印在同一条胶片上。拷贝放映时，放映机配备还音装置，同时映出画面和还原声音。在电影制作过程中，感光录音逐渐被磁性录音取代。从无声电影过渡到有声电影，为了确保音质，拍摄和放映的运转速率从每秒 16 帧提高到了每秒 24 帧。1927 年 10 月 6 日，纽约的观众在观看华纳兄弟影业公司出品的《爵士乐歌手》时，体验到了电影史上的一次重大变革。当主角突然开口说话："等一下，等一下，你们还什么也没听到呢。"这一瞬间不仅震撼了在场的所有人，也标志着有声电影时代的正式到来。华纳兄弟影业公司于 1929 年推出的《纽约之光》被认为是完全意义上的有声片，这标志着声音在电影中的彻底整合。1936 年，卓别林推出他的最后一部无声片《摩登时代》，象征着无声电影时代的终结。从此，电影界正式进入了有声片时代。

第二节 声音记录方式的演变

一、磁性录音技术

（一）磁性录音技术的发展

磁性录音技术自 19 世纪末以来经历了多个发展阶段，最初在 1898 年由瓦尔德马尔·波尔森提出。瓦尔德马尔·波尔森在实验中通过声音的交变磁场磁化钢琴弦，利用剩磁记录声音。尽管 19 世纪初磁性录音的原理已为人所知，但噪声问题使得该技术未能得到广泛应用。进入 20 世纪 20 年代，高频偏磁的发明为磁性录音技术的发展提供了重要突破，有效解决了失真和噪声问题。然而，早期的物理介质，如高成本且操作复杂的钢带，限制了该技术的普及。钢丝录音机的出现使操作更加便利，尽管对音频质量的提升效果有限。

第二次世界大战期间，德国技术的进步为磁性录音技术带来了进一步的发展。战后，尽管磁性录音技术已足以用于电影录音，但出于经济原因，好莱坞对这项技术的接受度较低，持续了约十年。到了 1951 年，75% 的好莱坞电影制作公司开始在电影后期制作中采用磁性录音机，标志着声画使用同一种媒介的历史画上句号。

随着技术的进一步发展，20 世纪 50 年代初期，电影行业开始出现在胶片上涂布磁粉制成的磁性声迹的电影拷贝。此外，也出现了在一条胶片上涂布两条以上磁迹的立体声声带，为影片的声音效果增添了更多层次和深度。磁性录音技术的演进不仅提升了录音和播放的质量，也为电影和音频产业的创新提供了重要的技术支持。

（二）磁性录音的特点分析

自磁性录音技术开始使用以来，已成为音频记录和播放领域的一项重要技术。其在声音处理上具有多项显著优点：宽广的频响范围、较低的噪声水平、更高的信噪比以及广泛的动态范围。这些特性确保了录制的声音质量优良，能够准确捕捉和再现音频信号的细微差别。此外，磁性录音技术在使用上更加便捷。用户可以轻松进行重录和转录，几乎可以立即听到录音后的效果，这在音乐制作、广播和其他需要即时反馈的场合中特别有价值。这种即时的反馈使得制作过程更加高效，允许制作者快速调整和优化录音内容。

然而，尽管磁性录音技术具有许多优点，但也存在一些技术和操作上的挑战。涂布磁粉及录制工艺的复杂性是其主要缺陷之一，每一部拷贝都需要单独进行磁化和转录，增加了制作的时间和成本。此外，磁性声带的物理特性也带来了一系列问题，磁带上的磁粉容易脱落，这不仅缩短了声带的使用寿命，还可能导致磁头堵塞，进而影响声音的输出质量。声带的充磁问题也可能导致声音质量下降，这在长时间重复播放时尤为明显。磁头磨损也是磁性录音技术中一个不可忽视的问题，由于需要磁头来还原磁带上的音频信息，频繁地使用会导致磁头磨损，进而影响声音的质量和系统的可靠性。尽管现代技术已经在一定程度上改善了磁头的耐用性，这个问题仍然是磁性录音设备维护中的一个重要方面。

（三）磁性录音技术的影响

磁性录音技术的引入在电影音频领域产生了重大影响，特别是在提升声音质量和细节表现方面。与光学录音机相比，磁性录音带的噪声明显减少，允许录音师捕捉更细微的声音层次而不必过分放大台词声音。这种改进不仅增强了声音的自然性，还促进了新浪潮派电影声带的产生，这些电影声带摒弃了好莱坞传统的重台词风格，为观众带来了更加真实、多元的听觉体验。

　　磁性录音技术的这一进步还引发了电影制作方式的变革。电影的声音设计变得更加细腻且富有层次，能够更好地表达电影的情感和氛围。录音师和制作人员可以更自由地试验声音的各种可能性，不再受限于技术，使得电影声音设计成为提升观影体验的一个重要方面。然而，磁性录音技术虽然在质量上具有显著优势，但在经济和操作上的挑战也相当明显。到了 20 世纪 70 年代，电影工业面临全面滑坡，磁性录音的应用受到了影响。与光学声迹拷贝相比，磁性声迹的发行拷贝成本更高、寿命更短，还音设备的维护成本也更加昂贵。这些因素导致了磁性录音拷贝的数量以及能够进行磁性还音的影院数量急剧下降，大多数观众在 20世纪 70 年代中期不得不再次接受保真度较低的单声道光学发行拷贝的声音。

　　这一转变显示了技术进步与市场实际需求之间的不匹配等问题，同时也反映了技术选择与成本效益分析之间的复杂关系。尽管磁性录音技术提供了优越的音质和丰富的声音表现，但其在经济可行性方面的局限性最终影响了其在电影行业中的持久应用。

二、立体声

（一）立体声的出现

　　1940 年 11 月 13 日，华特迪士尼公司公映的音乐动画影片《幻想曲》不仅为观众呈现了一场视觉盛宴，更在电影声音历史上开创了新时代，标志着立体声技术的首次商业化应用。这部影片采用了名为"奇幻声音"的声音系统，通过在传统的中央扬声器之外增加左、右两个扬声器，构建了一个三声道系统。这种安排极大地丰富了观众的听觉体验，使得声音的空间感和动态表现力有了显著提高，受到了广泛欢迎。

　　"奇幻声音"系统的实施，使得音乐和声效可以在电影院内的不同位置展现，为观众带来了沉浸式的观影体验。在放映时，包含三个声道的光学声迹胶片与电影画面胶片同步运行，额外的第四条控制声迹能够实现 20dB 的声级切换，进一步增强了声音效果的精确控制。尽管"奇幻声音"系统在技术上取得了成功，并在美国 14 家影院进行了装置，但由于受第二次世界大战的影响以及系统本身的高成本和复杂性，这种昂贵的立体声系统并没有在市场中广泛推广。整个放映系统的重量高达 7 吨，这种复杂性自然限制了其在市场中的广泛应用。战后，尽管华特迪士尼公司的高质量动画娱乐影片在日本等国受到喜爱，但是"奇幻声音"系统并未用于《幻想曲》的国际发行版。此外，影片《幻想曲》的音乐大部分在费城音乐院录制完成，采用了 8 轨道光学录音机，其中 6 条光迹用于录制管弦乐队的各类乐器，1 条光迹用于单声道混合录制，另外 1 条光迹则用于远距离的家内效果话筒录制。这种复杂的录音布局不仅确保了音质的高标准，也为后续的音频编辑和混音提供了丰富的素材。

随着 20 世纪 50 年代立体声的概念在大银幕上的逐渐普及，电影行业开始广泛地探索和应用多声道音频技术。这些技术的发展不仅改变了电影的制作方式，更极大地提高了观众的观影体验。立体声技术的引入是电影声音设计发展中的一次重要革命，它标志着从单一声道到多声道的转变，为现代电影的声音效果奠定了基础。

（二）立体声的发展

立体声在电影行业中经历了重大的技术进步和应用拓展，特别是从 20 世纪 50 年代开始，这种进步显著地增强了观众的沉浸感和体验。1953 年，华纳兄弟影业公司在电影《名人蜡像馆》中进一步将"奇幻声音"系统发展成环绕声道系统，标志着环绕声技术在商业电影中的初步应用。该电影的立体影像需求使得放映需要两台同步运行的放映机，其中前方三个声道的声音通过磁性胶片记录，并与影片同步运行。一台放映机上的光学声迹记录了环绕声声道，而另一台放映机记录了备份的单声道混合声（左、中、右环境），这种配置被称为 LCRS 方式声音配置，为后续的环绕声技术奠定了基础。

此外，20 世纪 50 年代，福克斯影业公司开发的 Cinemascope 格式，使用变形透镜和宽银幕电影的组合，其中采用了前方三声道加一环绕声的 LCRS 四声道声音方式。这种格式的出现，极大地增强了电影的视觉和听觉冲击力，使得电影更加生动和真实。为了适应这种新格式，必须对影片边缘的齿孔进行调整，以获得足够的磁性声迹尺寸，这也意味着整个放映系统需要进行相应的改进和投资。《圣衣》作为第一部采用 Cinemascope 影片制作模式的电影，于 1953 年 9 月 16 日首映，其对话音是通过将三个心形指向性话筒放置在移动演员前方录制，以便进行后期配音处理。尽管 Cinemascope 在引入时面临了一系列挑战，如磁性条的额外处理成本高、耐用性不足、立体声混录费用高昂，以及电影院需要对大银幕及其放映镜头进行重大投资，这些问题在初期影响了其市场接受度。然而，随着电影制作和放映技术的不断进步和优化，特别是在大银幕和立体声放映逐渐成为标准配置后，Cinemascope 格式逐渐在市场上占据了一席之地。

20 世纪 60 年代，电影放映方式的多样化进一步推动了立体声技术的发展。电影制作和放映开始广泛采用三种主要格式：传统的单声道光学声迹 35mm 影片、四条磁性声迹的 35mm 影片以及 Cinemascope 推出次年的六声道 70mm 影片。这些技术的多样化不仅提升了电影的技术水平，也极大地丰富了观众的观影体验。随着技术的进一步发展，电影的声音设计也变得更加复杂和精细，能够更好地重现现场的声音环境和细节，使得电影不仅仅是视觉的传达，更是声音的艺术展示。环绕声系统在提供一种全方位声音体验方面发挥了重要作用，使观众仿佛置身于电影情节之中，极大地增强了电影的吸引力和沉浸感。

（三）杜比立体声

20 世纪 70 年代，杜比实验室开发了一种高效实用的立体声发行制式，这一技术革新极大地推动了电影音响系统的发展。被初次称为杜比立体声的这一发行制式，在保证声音质量的基础上，致力于立体声效果的完善，提供了宽广的动态范围和令人瞩目的清晰度，为电影创造出细腻而逼真的气氛效果，满足了现代电影观众对于临场感的期待。

杜比立体声通过一套完整的工艺过程，从原始录音到影院重放，确保了声音的每一个细节都能得到精确处理。这一系统采用了专用设备，包括混录棚和杜比立体声影院，都按照严格的标准进行声音质量及听音条件的标准化。因此，在任何一家装备了杜比立体声系统的影院中，观众听到的声音质量都将与混录棚中的声音极为接近，保证了导演的艺术意图在放映时能够得到完全的体现。在杜比研制的技术中，一项关键的创新是逻辑电路的使用。这种电路能在两声道影片还音时不断地分析左、右声道间的信号差，重新建立中间信号，并将这一信号馈送到银幕后的中间扬声器。通过这种方式，杜比能够创造出接近分离式三声道的还音效果，极大地增强了声音的空间感和立体感。此外，杜比还引入了山水QS矩阵方式，将环境声信息编码到两声迹信号上，这种矩阵编码方式有效减少了前方扬声器信号对环境声的串音干扰，进一步提升了声音的层次和深度。杜比立体声的另一个重大突破是在1975年使用杜比编码的立体声光学声带成功制作出第一部故事片《利基特玛尼亚》。这一成就不仅证明了杜比立体声技术的实用性和高效性，也为其在电影行业中的应用奠定了坚实的基础。

1977年，《星球大战》的放映成为杜比电影立体声制作技术的一个重要里程碑。该片在美国46家装有杜比装置的影院中放映，在为制片方带来了巨额利润的同时，也极大地增强了杜比实验室在电影声音制作和影院重放系统方面的声誉。《星球大战》的成功展示了杜比立体声在大型商业电影中的巨大潜力和影响力，标志着杜比技术在全球电影声音制作领域的领先地位。继《星球大战》之后，使用杜比立体声放映的电影如《猎鹿人》《现代启示录》等连续三年赢得了奥斯卡最佳音响奖，进一步验证了杜比立体声技术在电影艺术中的重要价值。这些获奖作品不仅在技术上展示了杜比立体声的先进性，更在艺术表现上推动了电影声音设计的革新。

　　后来，杜比降噪系统的出现和普及代表了音频技术在减少噪声、提升音质方面的重大进步。自 20 世纪 70 年代起，随着电视与电影的竞争加剧及优质立体声音响系统普及到家庭，对音质的需求显著增长。杜比实验室开发的降噪技术在这一背景下应运而生，成为改善录音和播放质量的关键技术。

　　杜比实验室的降噪技术最初应用于业余和专业的音频记录与传输系统。通过设立特许公司，杜比对装有 B 型降噪器的盒式录音机和经 B 型降噪处理的发行盒式磁带进行了授权。此外，该技术还被应用于调频广播，显著提升了广播音质。在专业录音领域，A 型降噪技术被大量采用，与众多公司签订了使用 B 型降噪器集成电路的协议，从而使这一技术得到了广泛的应用和认可。杜比降噪系统的核心在于其能够显著提高音频信号的信噪比，这是通过在录音过程中实时分析音频信号并动态调整来实现的。系统根据音频信号的不同特性，将其分解成多个频段，每个频段独立进行噪声控制和信号增强。特别是在电影放映中，该技术能够对未经编码处理的影片甚至旧拷贝进行有效降噪，1974 年首次应用于英国发行的单声道影片，证明了其在实际应用中的有效性。

　　在电影制作和放映中，杜比降噪器的引入解决了多个关键问题。传统的光学声带和磁带在录制和播放过程中会引入本底噪声，尤其是在信号较弱或多次转录的情况下，噪声问题尤为突出。在电影行业中，这种噪声不仅影响观众的观影体验，还可能掩盖电影音轨中的细节，从而降低电影整体的艺术表现力。使用杜比降噪器，可以在保持音频细节的同时，大幅降低这些噪声，使得声音更加清晰和自然。具体来说，杜比 A 型降噪器采用了一个分频方法，将音频信号划分为四个频段：80Hz 以下的低通频段、50Hz 到 3kHz 的中频带通、3kHz 到 7kHz 的高频带通和超过 9kHz 的高频高通。每一个频段都装备有独立的电平压缩器，这些压缩器根据频段内的信号电平动态调整，从而达到降低噪声的目的。前三个频段的降噪效果为 10dB，而最高频段的降噪效果可以达到 15dB，有效地减少了高频噪声，这对于提升音频的清晰度和动态范围至关重要。此外，杜比 B 型和 C 型降噪器主要用于家用设备，也采用了类似技术，但在频段划分和处理强度上有所不同，以适应家庭使用环境的需求。这种技术的普及不仅提高了家庭娱乐系统的音质，也推动了音频技术的普及和音质标准的提高。

（四）数字立体声

电影声音的数字化是一场技术革命，其历史远早于电影画面的数字化。数字音频技术的研究源于 20 世纪 60 年代，其实用化研究始于 60 年代中期，而商品化则于 1982 年开始，CD 在美国的上市标志着数字音频技术的商业突破。

20 世纪 80 年代末期，国际上如加拿大、美国、德国等国开始了针对电影数字声迹的开发性研究。这些研究推动了电影声音从传统的模拟系统向更先进的数字系统的转变，其中包括声音记录和还音的全新方法。数字技术的引入不仅提高了声音质量，也增加了声音处理的灵活性和多样性。CD 的引入虽然在初始阶段价格昂贵且设备较为脆弱，但随着技术的成熟和普及，CD 播放器的抗震性得到显著改进。相比之下，90 年代的中国城市见证了随身听设备的流行，这种便携式设备让人们能够随时随地享受音乐，但早期的 CD 播放器在震动时容易中断播放。电影数字音频的应用改变了传统的模拟录音工艺。在模拟系统中，声音信号通常与画面信号一起记录在同一块胶片上，位于片孔与画面之间。然而，数字技术的应用则产生了声画合一与声画分离两种记录方式。声画分离方式允许将数字声音记录在光盘等独立的数字媒体上，而不是传统的胶片，这为声音的处理和还原提供了更大的灵活性和更高的质量。

在电影数字还音技术的早期研究中，出现了诸多还原数字声音的方式，如 DOS（Digital Optical Sound）、CDS（Cinema Digital Sound）、DOSCAR（Digital Optical Sound and Compatible with Analogue Recording）、DLS6（Digital Laser Sound）、Dolby-SR.D、DTS（Digital Theater System）、SDDS（Sony

Dynamic Digital System）等。经过市场的激烈竞争和选择，到了 80 年代末 90 年代初期，SR.D、DTS、SDDS 这三种制式成为最常用且公认的数字立体声还原方式。

在现存的三种多声道立体声制式中，SR.D 和 SDDS 采用了声画合一的记录方式，而 DTS 则选择了声画分离的方式。这三种制式都保留了模拟声迹，使得电影不仅适用于传统影院的放映，也能满足数字影院的需求。在这三者中，SR.D 制式的应用最为广泛，中国电影行业也主要采用了这一制式。SDDS 由于在后期制作设备和工艺上与中国已有的 Dolby 制式存在较大差异，引入 SDDS 将需要巨额投资，因此中国暂不考虑发展 SDDS 制式。

在中国的大中型城市中，Dolby-SR.D 和 DTS 数字声影院已经得到广泛普及。随着数字电影的快速发展，传统的模拟电影胶片正在逐渐减少。同时，环绕声技术的发展仍在持续进行中。

好莱坞著名导演乔治·卢卡斯一直重视电影中的大场面和声光效果。因此，乔治·卢卡斯的 Lucasfilm 公司的技术主管汤姆林森·霍尔曼制定了 THX 认证标准。1998 年 10 月，美国杜比实验室联合卢卡斯公司的 THX 总部共同开发并推出了一种新型的影院环绕声系统——Dolby Surround EX 系统。这一系统的工作原理是在原有的数字 5.1 声道系统基础上增加一个环绕声道，形成左前、中央、右前、左环绕、右环绕、后环绕以及超低音的数字 6.1 声道系统，并完全兼容数字 5.1 声道系统。新增的中环绕声道与左右环绕声道的协同作用，能够创造出如"掠过""盘旋""穿梭"等细腻且新奇的音效，为观众带来更加真实和震撼的听觉体验，同时也为电影创作者开拓了更丰富的创作空间。《星球大战前传——魅影危机》是第一部采用这种工业标准的影院环绕声系统的电影。

与此同时，1993 年 3 月，为了应对杜比的 EX 行动，DTS 公司也推出了 DTS-EX 延伸环绕音效解码器。这一系统的原理是在原有的左、右两个环绕声道的基础上，新增加了第三个环绕声道，即"后环绕声道"。

DTS-EX 系统采用 6.1 声道来录制和放映电影，当声音从前方向后方移动时，这一系统能够清晰地区分声音是向左后、右后还是正后移动，声像定位极为准确，使得声效比传统的 5.1 声道数字环绕声更为真实和动人。

三、网络、数字化趋势

网络和数字技术的引入和普及对人类社会产生了深远的影响，使得现代生活几乎完全浸润在一个网络化和数字化的环境中。这些技术在音频领域的应用尤为显著，彻底改变了声音制作的过程和体验。

（一）声音制作方式的改变

在传统音频制作中，声音的拾取通常是通过将声音波形转化为电信号来实现的，这个过程依赖于话筒等声电转换设备。无论是网络音频还是传统音频，声源的采集都离不开这些基础设备，因此在这一环节上，网络数字技术的影响相对较小。然而，网络和数字技术的真正力量体现在电子音源的处理上。这项技术不仅能够模拟传统乐器的声音，还能创造出自然界中不存在的独特声音。从大型的电子琴、合成器到日常生活中的门铃、手机铃声，数字技术的应用使得声音的产生和变化更加多样和丰富。

音频的编辑、合成、效果处理及存储等方面，网络和数字化技术同样带来了革命性的变化。过去，传统的音频制作需要依赖于调音台、效果器、多轨录音机等一系列专业设备，这些设备不仅成本高昂，而且需要专门的空间进行安装和使用。建设一套专业的音频制作设备往往需要投入巨额资金且操作复杂，需要多名专业人员协作才能完成录音和制作任务。此外，录音过程中的噪声问题、声音真实性的保证等技术难题一直是行业内难以克服的挑战。而录制完成后的磁带存储，不仅占用大量空间，而且难以长期保持录音质量。

相较之下，采用网络和数字技术的音频制作显得简洁高效。在装备了优质声卡、麦克风和扬声器的多媒体计算机上安装音频制作软件，即可开始高质量的音频制作。这种方法大幅降低了制作的复杂性，使得音频制作变得轻松可行。数字化的虚拟系统不仅成本低廉，而且功能全面，音质可与传统高端音频设备相媲美。价格方面，数字系统相比传统设备具有明显优势。此外，随着网络化和数字化技术的进一步发展，音频内容的数字化存储及其在网络上的查询和管理也发生了翻天覆地的变化，极大地优化了音频节目的录制和播放方式。

（二）声音传播、发行方式的改变

传统音频的传播方式主要依赖于无线电台和电视台的广播，以及通过市场销售磁带、CD 和唱片等物理媒介。这种方式在长期的发展中已经相对成熟，但也存在一定的局限性，如传播范围和速度受到物理媒介分发的限制。

随着数字技术和网络技术的快速发展，尤其是流媒体技术的兴起，音频的传播渠道得到了显著扩展和改善。流媒体技术允许音频和视频内容通过互联网以数据流的形式实时发布，这种方式在加快信息传播速度的同时，也提高了传播效率。用户可以在不完全下载整个文件的情况下进行观看或收听，这大幅提升了用户体验，使得观众和听众能够即时接触和享受到各种媒体内容。

具体而言，流媒体技术通过将连续的影像和声音信息压缩后存储在网络服务器上，使得用户在接收时能够边下载边观看内容，无须等待文件的完全下载。这一技术的实施，极大地促进了音频文件在网络媒体中的实时播放，如网上视频直播、点播和在线广播等现象已经成为常态。这为传统广播媒体带来了新的生机，极大地丰富了媒体的表现形式和观众的选择。此外，与传统音频依赖物理载体不同，网络音频的传播与网络传输紧密相连，现在许多在线平台已经提供了有偿下载服务，这一方式被广泛应用于网络音频的销售。网络下载功能的引入，使得音频的传播变得即时和简便，用户可以在任何时间、任何地点访问和购买音频内容，大大提高了音频内容的可访问性和市场的活跃度。例如，互联网上的广播站点和音乐下载站点日益增多，其中包括一些大型的服务平台，它们不仅提供音乐播放设备，还提供大量音乐文件的购买和下载服务。这种服务模式的普及说明了数字化和网络化在推动音频内容传播方面的强大动力。

（三）收听环节的改变

网络音频的发展对传统音频的收听环节带来了巨大的改变。过去，人们主要通过收音机、唱机、盒式录音机等设备收听音频节目。然而，互联网的普及极大地扩展了这些传统的收听方式，引入了多种新型数字终端设备，如数字音频收音机、机顶盒、MP3 播放器、便携式多媒体播放器（PMP，国内常称 MP4 播放器）、MD 播放器、个人数字助理（PDA，也称掌上电脑）、手机以及 3G 手机等。这些设备的出现不仅丰富了收听渠道，也提高了音频内容的可访问性和多样性。

汽车收听音频的演变也明显体现出这一变化。20 世纪 70 年代以前，汽车配备 AM 收音机已经算是较好的配置。随着时间的推移，FM 收音机、盒式磁带放音机和 CD 机相继被引入驾驶舱。如今，在汽车中使用 MP3 播放器听音乐已经成为常态，而通过 U 盘直接播放音乐的车载音响系统也已有多种成熟的产品面世。这些技术的进步不仅提升了驾驶时的音乐体验，还使得音乐播放更加便捷和多样化。随着移动互联网技术的发展和即将完成的网络基础设施建设，未来的汽车音频收听将进一步向高质量和个性化的方向发展。在线流媒体音频格式的持续优化，汽车内的设备接收音频的过程将变得无缝且持续。这意味着驾驶者在收听音频时，不会出现卡顿、中断的情况，极大地丰富驾车途中的生活体验。这种变化既提高了音频内容的质量和多样性，还增强了用户的互动性和个性化体验，从而彻底改变了人们收听音频的方式和习惯。

（四）声音设计数字化

虽然数字化进程已经深刻影响了音频制作的每一个环节，极大地改变了音频广播节目的制作流程，但追求最佳音质的过程中，模拟音频仍然扮演着不可或缺的角色。由于数字化采样和量化过程不可避免地会引起音质的损失，工程师需采取各种措施如提高量化比特数和降低量化步长来尽量减少这种损失。在音质方面，数字音频经过模数／数模转换后，其接近模拟音质的程度越高，音质表现越佳。

尽管非线性编辑系统大大提高了工作效率，但这类系统在满足音质要求严格的节目制作方面还显不足。大多数非线性编辑系统无论在音质表现还是声音处理功能上，都达不到高端的数字电视和高清电视专业音频制作的要求。根据国家标准 GY/T 156 的建议，为了确保在添加音效特技后仍保持最优质的音频效果，录音棚的原版录音和高清制作应选择 24bit 的量化，且在内部处理时采用 32bit 的精度。这种处理精度能够确保音频质量在制作过程中不会受到损失。然而，许多非线性编辑产品仅支持 16bit 音频处理，这一数据标准甚至低于主流数字录像机使用的 20bit。

在过去几年中，数字音频工作站在中国电影和电视节目的后期音频制作中已变得非常普及。数字音频工作站因其编辑速度快、操作直观、声音处理功能丰富及音质出色等多方面优势，受到了广大录音工程师的青睐。这些工作站不仅在电影的数字立体声前后期制作中得到了广泛应用，在电视台的应用更是普遍。可以预见，未来在高清晰度电视的声音制作中，数字音频工作站将继续发挥主导作用。将来，数字音频工作站将朝着支持更多声轨、更高的处理速度、更大的存储容量、更高的采样频率和量化比特，以及提供更多的声音处理手段和更完善的用户界面等方向发展。这些进步将进一步扩大数字音频工作站的应用范围，提高音频制作的质量和效率。

第二章　声音设计的理论基础

　　声音在自然界中是一个客观存在的现象，每一个声音被人们听到都经历了如下两个阶段：一是声音的产生，并且作用于客观世界；二是声音被人们听到，并在意识中形成反应。基于这两个阶段，声音的属性可以分为物理属性和心理属性。物理属性包括声音的传播速度、波长、频率、振幅等特征；心理属性则涵盖了音量、音调和音色等方面。通常情况下，物理声学的方法被用来解释声音的产生及其传播等技术性问题，而心理声学的方法则用于解决影视声音艺术方面的问题。对于这两个过程的了解，是进行声音艺术创作的重要理论基础。声音的艺术性则是指用语声、音乐等声音元素，在影视作品中艺术性地营造出一种综合听觉印象的特性。这种艺术属性奠定了声音在艺术创作中的造型基础。那么，声音制作的理论基础则包括三个主要方面：物理属性、心理属性和艺术属性。物理属性涉及声音的基本物理特性，如传播速度、波长、频率和振幅等；心理属性则与人的主观感受相关，包括音量、音调和音色。这些特性共同作用，决定了声音在被大脑感知时的具体表现；艺术属性则是指通过声效、音乐等元素在影片或其他艺术作品中所形成的独特听觉印象。

第一节　声音的物理属性

声音具有多种个性特征。这些特征的一部分是由声源的自然属性决定的，例如声源音量的大小以及声音向四面八方辐射的能量是否一致。此外，还有一些特征是由声源到接收点的传播条件所决定的，这些传播条件包括是否存在障碍物、选择的传播媒介等。声音在通过某种介质以一定速度传播的过程中，其中的客观条件会对声音产生一定的影响。例如，在一个开阔的房间内，声音能够自由地向四面八方传播，听起来会更为清晰。而在一个充满障碍物的环境中，声音路径便会受到阻挡和反射，出现失真或减弱。同样，水和空气作为不同的传播媒介，传递声音的速度和效果也有很大不同，水中的声音传播速度比空气中更快。

一、声音的产生及传播

从物理学的角度来说，声音是一种物体碰撞另一种物体产生的振动。这种振动会引起周围空气的振动，形成疏密相间的声波。当这些声波传播到人类耳朵时，会使耳朵里的鼓膜随之振动，通过一系列复杂的传导过程，最终刺激人的神经系统中掌握听觉的部分，从而使我们能够听见声音。简单来说，声音是由物体的振动通过介质传播，并且能够被听觉器官感知的一种波动现象。所有的声源都依赖于振动，一旦振动停止，声音也随之消失。

当人类的发声器官（如声带）或乐器的弦等振动时，会引起周围空气分子跟随振动，从而导致疏密交替变化，形成声波。物体振动所产生的声波，必须依赖空气或其他介质进行传播。当声波到达耳朵时，人的听觉器官便会产生相应的听觉反应，我们便能够听到声音。实际上，空气分子并没有从声源飞进我们的耳朵，而是将振动逐步传递到耳朵中，这个过程类似于多米诺骨牌游戏，每张骨牌的位置未变，但运动的势能逐级传递。因此，声波依赖于空气或其他介质（如固体、液体）传播，在真空状态下，声波无法传播，人类便无法听见声音。

声波的形成和传播涉及四个基本组成部分：振动源、传播介质、耳朵和大脑。振动源可以是各种能够产生振动的物体，如声带、乐器的弦等，振动源是声波形成的基础；传播介质主要是周围的空气，但也可以是水、钢铁、木材等其他物质，这些介质负责将振动传递；耳朵接收传播到的声波并使鼓膜产生相应的运动，从而在听觉系统中产生刺激；大脑则负责将这些物理振动解读成特定的声音。

二、声音的振动特性

（一）波长

空气中的声波运动与池塘中水波的运动极为相似，在声波传播过程中，两个相邻波形的波峰或波谷之间的距离被称为"波长"。测量一个波上任意一点到相邻波上对应点之间的距离可以计算出波长，这个距离通常称为"1周"，如图 2-1 所示。

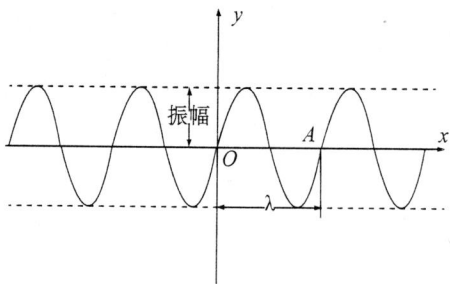

图 2-1　正弦波

由于波长与振幅在空间维度上是垂直的，这两个特性之间一般互不干扰。声波既可能具有小的振幅而拥有较长的波长，也可能拥有大的振幅而波长较短，例如在海啸中看到的波动。人类耳朵对声波的波长感知范围极其广泛，在空气中，波长范围从 3/4 英寸（0.0191m）到 56 英尺（17.07m）不等。

前文对于声波的讨论比较抽象，且主要集中在听觉范围内的频率。那么超出可听范围的声波究竟是怎样的呢？所谓听觉范围外的声波，其波长超过 56 英尺（17.07m）或小于 3/4 英寸（0.0191m）。尽管这些声波仍然能在空间中传播并形成声音，但由于其特点超出了人耳的听觉范围，因此这些声波不可被人耳感知。

（二）频率

声波在传播时展现出高度的周期性，其振动次数在一定时间内的表现即为"频率"。具体来说，频率指的是声波在一秒钟内完成的周期数。如图 2-2 所示，尽管两个声波的振幅保持一致，但其频率有所不同。一个声波每秒完成一个振动周期，也就是说，每秒振动一次；另一个声波在同一时间内完成四个振动周期，即每秒振动四次。

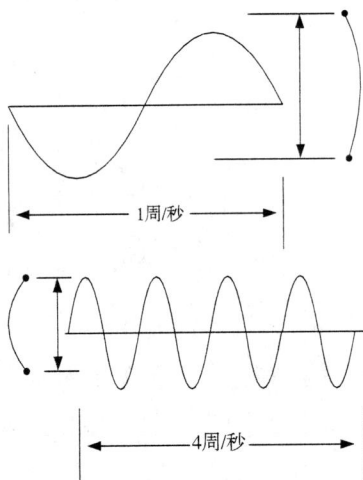

图 2-2　两个振幅相同频率不同的声波

频率的定义可以用公式表示为：频率＝波速／波长，频率的单位以赫兹（Hertz，缩写为Hz）表示。举个例子，如果某声波在一秒钟内振动500次，那么它的振动频率就是500Hz。声音的频率范围通常在20～20000Hz，这也是人耳能够听到的声波频率范围。然而，大多数人的听觉范围集中在40～16000Hz。为了在录音制作中忠实再现日常生活中各种熟悉的声音，建议尽可能完整地记录下40～16000Hz这个频率范围的声音。

这个范围内的声音对人耳具有极强的感染力。例如，自然界中的低频声音往往与暴风雨、地震和其他自然灾害相关。电影中，低频声音通常用来代表不幸的降临和危机的迫近，常出现在音效或背景音乐中，以引起观众的注意，增强影片的悬疑感和灾难氛围。由此可见，低频声音在情感传递和气氛营造中发挥着重要作用。同时，高频声音也有其独特的表现力，能够提升音响的清晰度和细腻度，为观众提供更加丰富的听觉体验。在录音创作时，全面考虑声音的频率特性，有助于更好地传达所需的情感效果和故事氛围。

（三）振幅

振幅指的是声波振动的幅度，其源头取决于外界施加的压力。当大气处于静止状态时，压强为大气压。然而，当声波存在时，局部空气产生压缩或膨胀，从而使压强在压缩的地方增加，在膨胀的地方减少。这种由声波引起的压力变化被称为声压。通常情况下，声压相较于大气压非常微弱。声压的大小与物体的振动密切相关，物体振动的振幅越大，压强的变化也越明显，声压随之增大，从而使声音听起来更响。因此，声压的大小也表示了声波强弱的程度。振幅直接决定了音量的大小。振幅越大，耳朵接收到的声音就越响。在录音和播放过程中，需要尽量保持波形的振幅稳定，否则声音听起来会有忽大忽小的变化。另一方面，振幅不仅影响音量，还在一定程度上影响音质。适当的振幅控制能够使声音更加饱满和清晰，从而提供更好的听觉体验。例如，在音乐制作中，通过调整声波的振幅，可以改变音量的强弱，以符合音乐作品的情感表达和节奏需求。在电影配乐中，振幅的控制对音效的表现力也至关重要，合适的音量强弱对营造紧张、欢快或悲伤的氛围具有重要作用。

（四）相位

相位是用来衡量在一个周期内波形的相对位置的一个重要概念。在一个完整的周期中，通常将其定义为360°。对于一个标准的正弦波来说，水平线的零点通常被设定为波形的起点。在波形达到90°时，波形到达波峰位置；当走到180°时，波形再次穿过水平线，即波的中位线；而在270°时，波形到达波谷；最终，波形在360°的时候再次回到起点，即与零点重合的位置。在这个过程中，波形经过的距离称为波长。波长是由周期性的波动决定的，因此在周期中任意相邻同相位的两个点之间的距离都是声波的波长。通过相位的变化，可以准确地描述声波在空间和时间中的传播过程。

相位的概念在很多应用场景中尤为重要。例如，在音乐制作和音效处理中，相位的调整可以影响声音的交互和混合效果。如果两个声音信号的相位同步，它们会相互支持，产生更强的音效；如果相位存在差异，可能导致声音削弱或取消，从而影响声效的整体表现。此外，在声波的传播和接收过程中，相位同样起着关键作用。通过分析相位的变化，可以判断声音来源的方向和距离。在声学中的诸如回声定位、降噪系统以及空间音响等领域，对相位的精确测量皆决定了系统的性能和效果。例如，在自动降噪耳机中，相位分析能够用于生成与环境噪声相反的干涉波，从而有效地消除噪声。

（五）波的合成

当两个或多个声波相遇时，它们的振幅会互相叠加，结果是这些声波要么增强，要么减弱。如果声波的波峰和波谷正好相对齐，就称为"同相"。此时，波峰与波峰叠加，波谷与波谷叠加，形成的合成波的振幅要大于两个独立波形的振幅。然而，有时候还会出现另一种情形，即一个波的波峰与另一个波的波谷相叠加，波谷也与另一个波的波峰叠加，从而使振幅相互削弱。如果两个波的振幅相等而且相位差为180°，会出现完全互相抵消的极端情况。

相同和完全相互抵消只是两种相对极端的情况。在很多其他的情形下，波形的相位并不会完全相同或相差180°，因此合成波的情况变得更加复杂。例如，如果两个波形的频率不同，合成波会展示出更加复杂的波形特征，无法通过简单的振幅加减来明确描述。此外，频率、振幅和相位差异越大，合成波的复杂度也会进一步增加。例如，当多个不同的波相加，尤其是这些波的相位和频率各不相同时，所形成的合成波可能具有非常复杂的形状，其特征包括波峰和波谷的位置不规则变化以及振幅的不稳定性。这种复杂性不仅影响波的物理性能，还在某些情况下会引起有趣的物理现象，如干涉图样等。

在声学、光学和电磁学中，波的合成是一个十分重要的概念。了解波的合成不仅能帮助我们更深入地理解物理现象，还能在实际应用中产生重要意义。例如，在音乐中，不同乐器的多种声音合成会产生丰富的和声效果；在无线电通信中，不同频率和相位的电磁波信号叠加可以实现复杂的调制方式，提高信息传输的效率和可靠性；在光学领域中，不同光波的叠加可以产生不同的视觉效果，应用在光谱分析和成像技术中。此外，波的叠加原理还在很多自然和工程系统中扮演重要角色，如海浪的波动、建筑物的抗震设计和医用超声波成像等。

（六）乐音和噪声

乐音和噪声是声音世界中的两个基本类别，它们的差异不仅是听觉上的，也是物理性质和声波特点上的。

乐音是一种听起来和谐、悦耳的声音，其波形是有规律的、随时间变化的、具有周期性的振动。这种声音在物理学上可以分解为基音和谐音。基音是最低的频率，而谐音则是基音频率的整数倍。基音和各次谐音组成的复合声音形成了乐音，保持了频率和振幅的有序性，使其听起来舒适愉悦。在现实生活中，很多乐器所发出的声音都是乐音。从钢琴键上按下的每一个音符到小提琴拉出的每一个音节，都是由基音和谐音共同组成的复合波。这种复合波的频率成分和规律变化让人们在听觉上感到舒适。这种有序的音波不仅在个人欣赏音乐时有着愉悦的体验，也在音乐创作和表演中成为不朽艺术的基础。

相比之下，噪声是另一种截然不同的声音类型。它是由许多不规则、不成比例的频率振动组成。这些频率之间彼此不成简单的整数比，导致声音听起来既不和谐也不悦耳，并且可能使人感到烦躁。噪声的波形复杂、无规律，缺乏乐音所具有的周期性和和谐性。在物理学领域，噪声具有非周期性的特征。这意味着其声波没有重复的、规则的波形，而是由频率和强度各不相同的声音杂合在一起。从摩天大楼的建筑工地传来尖锐的锯木声到交通拥堵时汽车喇叭的连绵不绝，都是噪声的一部分。这种声音缺乏组织性和协调性，是随机和混乱的，给人们带来不悦甚至是心理和生理上的不适。

特别是在影视声音创作过程中，噪声的概念和物理声学上的噪声有一定的差异。在这一领域中，噪声指的是对有用信号产生干扰作用的杂波。例如，拍摄现场突然出现的手机铃声或观众席的笑声，这些都是会干扰影视创作的噪声。减少这些噪声的主要方法包括消除、隔离或抑制噪声源，以及选择合适的麦克风型号、指向性和摆放角度等。这些技术手段在很大程度上可以降低不必要的噪声，提高声音的质量和清晰度。

乐音的波形组合了基音和谐音，让声音具有规律性和周期性，形成了人耳感知上的和谐美。同时，这种和谐的声音不仅仅是音乐创作中的关键元素，也是生活中许多和谐场景的背景音。乐音让人们放松、愉快，促进心理和生理的健康。相比之下，噪声由于其无规律的振动和频率成分，往往对人们的生活和工作环境带来负面影响。长期暴露在噪声环境中，会导致听力损伤、心理压力增加和其他健康问题。正因如此，各种场合中减少噪声、创造安静环境成为重要的任务。

三、声音的传播特点

声波是一种纵波，质点的振动方向与其传播方向一致。在声波传播过程中，声波展现出一定的速度，并伴随反射、折射、干涉、散射和衍射等物理现象。同时，声音在传播的过程中会出现不同程度的衰减，衰减类型可以分为传播衰减和吸收衰减。具体而言，传播衰减包括点声源衰减和线声源衰减，对应着声音在传播距离上的逐渐减少。吸收衰减则涵盖了空气吸收、绿色植被的吸收以及气流和大气温度梯度的吸收等多种情况。这些因素共同作用，导致声波能量在传播途中的减弱和损失。

（一）声音的速度

声音的传播速度是由传播介质的密度和温度所决定的，如表 2-1 和表 2-2 所示。在标准气压条件下，当温度为 0℃时，声音在空气中的水平传播速度为每秒 331.5m。随着温度升高，声音的传播速度会随之增加。特别是在空气中，当温度每升高 1℃，声音的速度就增加 0.61m/s。例如，在 20℃时，声波的传播速度为 343.7m/s，而通常取值约为 340m/s。在 25℃时，声音的速度为 346.75m/s，通常取值为 346m/s。相比之下，光波和电波的传播速度则大约为 30 万 km/s。因此，声音的传播速度与光波及电波相比显得非常缓慢。

在日常生活中，这一速度差异十分显著。例如在体育场遥远的看台上观赏一场足球比赛时，只需看见运动员大力射门即可判断出行动轨迹，但是不会立即听到脚踢球的声音，这个声音通常会稍有延迟，也就是听到晚一些的踢球声音。同样的情况也出现在观看航空表演时。当一架超音速喷气式飞机从头顶飞过，声音不会立即被听到，而是在飞机飞过之后才被捕捉到。这种情况的延迟时间明显长于踢足球的例子。

这些现象充分说明了声音的传播速度远低于光和电的传播速度。最常见的实例是雷雨天气中，常常先看到闪电，然后才听见雷声。这种现象也被用于影视声音创作中，通过将听觉比视觉"延后"的现象艺术化处理，例如看到闪电的同时听到雷声，以增强观众的感知体验。

　　除了气体，液体和固体也能传播声音。尽管这些物质形态不像气体那样富有弹性，但在实际情况中，对于声波的阻力比较小。换句话说，在大多数液体和固体物质中，声波的传播速度要比在气体中快很多。以水为例，声音在水中的传播速度约为1500m/s，而在铜中的传播速度约为3750m/s，在铜中的传播速度大概比在空气中传播的速度快了11倍。一般情况下，介质的密度越大，声音的传播速度越快。这一理论也体现了为何在不同介质中声音的传播速度差异如此明显。在固体和液体中，由于分子排列更为紧密，声波传递的障碍更少，因而速度更快。相对较慢的声速在生活中起到极为重要的作用。虽然声音传播较慢，但这种速度差异使得人类能够利用听觉的延迟现象来获取方向感，这对于日常听觉的辨别力至关重要。通过双耳的听觉效应，人类可以更加准确地确定声源的位置，使得声音定位更加精确。

表2-1　声音在不同介质中的传播速度

介质（0℃）	声速（m/s）
橡胶	30~50
空气	332
软木	430~530
水	1450
铜	3750
松木	3320
煤	4300
玻璃	5000~6000

表2-2　声音的传播速度与温度的关系

温度（℃）	0	15	20	30
声速（m/s）	332	340	344	349

（二）声波的反射和折射

声波作为一种机械波，其传播特性在介质变化时表现得尤为显著。当声波在均匀介质中传播时，其波速保持恒定，传播方向也不会发生变化。然而，当声波从一种介质进入另一种介质时，波速会在两种介质的分界面上发生突变，导致传播方向的改变。这一过程可分为两部分：一部分被反射，形成反射波；另一部分穿过分界面，进入第二种介质，并改变了传播方向，形成折射波。上述现象被称为波的反射和折射。根据折射定律，从波速较低的介质向波速较高的介质传播时，例如从空气到水，会存在一个临界角。超过这个临界角时，声波将完全被反射，形成全反射。这种情况下，反射波的情况遵循反射定律：入射波、反射波和法线位于同一平面内，入射波和反射波分居法线两侧，入射角等于反射角。反射现象在自然界中广泛存在，比如在山区大声说话时，声波会在远处的高山反射，形成回声。同样道理，打雷下雨时，雷声经过天空的浓密云层多次反射，形成连绵不断的隆隆声。

室内环境中，当有人讲话时，声波在传播过程中也会遇到反射。由于声源离墙壁较近，原声波与反射声波传入耳朵的时间相差极短，听者通常觉察不到回声的存在。这是因为两种声波到达的前后时间差过于微小，使耳朵几乎无法分辨两个独立的声源，这种现象在声学中被称为初级反射。

通过有效利用声波的反射，可以达到改善房间内声学环境的目的。例如，在音乐厅、剧院和会议室的设计中，通过调整墙壁、天花板和地板的材料和结构，能够控制声波反射的角度和强度，改善音质效果，使听众获得更佳的听觉体验。声波的反射特性还广泛应用于声学设计和建筑声学。通过合理的声学设计，可以有效控制声波的传播路径和反射方式，从而避免产生不良的回声和杂音，提高房间的音质效果。例如，凸面反射镜可以集中和反射声波，改善听众的听觉效果；而凹面反射镜则可以扩散声波，减少回声的干扰。

声波遇到障碍物时，其反射行为也受障碍物尺寸的影响。当障碍物的尺寸大于声波波长时，声波将按照波的反射定律发生反射。障碍物的形状和材质会直接影响反射效果。例如，光滑平整的墙面会产生较强的反射，而粗糙不平的表面则会使声波散射，减弱反射的强度。

声波的折射现象在不同介质中普遍存在。当声波从一种介质传播到另一种介质时，由于两种介质的密度和弹性模量不同，声波的传播速度会发生变化，导致声波的传播方向发生变化。这一现象在声学中被称为折射。例如，声波从空气传入水中时，由于水的密度和弹性模量比空气大，声波的传播速度会比空气快，从而导致声波的传播方向发生偏折。折射现象在水下声学中具有重要的应用价值。例如，在水下通信和声呐技术中，通过利用声波的折射特性，可以实现长距离的声波传递和目标探测。

在自然界中，声波的传播受到多种因素的影响，包括介质的密度、温度和湿度等。通过对声波反射和折射现象的研究，可以深入了解声波的传播规律，并将其应用于实际生活和科学研究中。通过合理利用声波的反射和折射特性，可以有效改善生活和生产环境，提高各种声学设备的性能。

（三）声波的干涉

波动现象在自然界中无处不在，声波作为其中的一种特殊形式，揭示了丰富的物理世界。声波干涉，作为波动现象的一个重要表现，具备出色的研究价值和实践意义。本书将从基本原理、实验现象及应用价值三个方面探讨声波干涉现象。声波干涉是两列或多列声波相遇时所产生的波动叠加现象。基于波的叠加原理，声波在相遇时，其振幅在任意时刻是各个声波单独作用时在同一点振幅的矢量和。当几列声波处于同相位时，叠加后的波动振幅增大，此称为相长干涉。相反，当几列声波处于相反相位时，叠加后的波动振幅可能减少甚至完全抵消，此称为相消干涉。

在实验室中，声波干涉实验往往利用两个声源。例如，若两个相同频率和振幅的扬声器同时发声，其发出的声波将发生干涉。在相长干涉区域，声音更强烈，声音的压力振幅达到峰值；在相消干涉区域，声音减弱或消失，形成声波的节点。通过改变扬声器间的距离或调整相位差，可以观测到干涉条纹图样。这一实验现象不仅验证了波的叠加原理，还展现了波动的干涉特性。声波干涉的应用领域甚为广泛。在声学设计中，干涉原理用于改善声场效果。例如，在音乐厅和演播室设计中，利用声波的相长干涉和相消干涉调整声场，以提供更优质的音响效果和声学体验。通过理论设计和实验验证，使得演播空间内的声音传播更加均匀、清晰。

此外，声波干涉在声呐技术中也占据重要地位。声呐系统中通过发射声波并接收其反射波来探测和识别物体。利用干涉效应，可以提高声呐系统的精度和分辨率。例如，在海洋探测中，声波干涉可以提供海底地形的高分辨率图像，帮助科学家更准确地了解海底的地质结构和生态环境。声波干涉还在医学成像、材料检测等领域得到广泛应用。在医学成像中，超声波干涉用于提高图像的清晰度和对比度，帮助医生更准确地诊断疾病。在材料检测中，声波干涉可以用于检测材料内部的裂纹和缺陷，保证材料的质量和安全性。

（四）声波的散射和衍射

声波的传播规律和光波有着基本的相似之处，通常情况下，声波主要沿直线传播。然而，在某些条件下，声波也会出现散射和衍射现象。当声波遇到尺寸小于其波长的障碍物时，会向各个方向散射。一般而言，波长较短的声波具有较强的散射效应。

在声波传播过程中，遇到障碍物时能够绕过其边缘并继续传播，这一现象被称为声波的绕射或衍射。波的衍射现象是普遍存在的，例如，当障碍物为一个较大的平面或球面且其上存在小孔或狭缝时，声波可以通过这些小孔或狭缝绕到障碍物后方，并继续传播。若障碍物的大小或其上小孔、狭缝的尺寸与声波的波长相当，或比声波的波长更小时，衍射现象会尤为明显。

衍射效应使得波的传播方向发生偏离，使声波能够到达沿直线传播不能到达的区域。例如，在房间内对话时，门外的人也能听到，这便是声波衍射现象的结果，因为门的四周总会存在一些缝隙。相同的原理在录音工作中也得到验证，只有在录音间做好密闭工作，才能有效隔离外界的杂音，以确保录音质量。声波的散射和衍射现象不仅在日常生活中有所体现，在工程技术和科学研究中同样具有重要意义。例如，在声学设计中，需要考虑声波的散射和衍射影响，以优化声场分布和信号传输质量。此外，在地质勘探中，通过研究声波在地下岩层中散射和衍射的特性，可以辅助判断岩层结构和物质组成。

（五）声波的吸收

声波作为一种机械波，其在介质中的传播过程中往往会伴随能量的损耗，具体表现为波的衰减（或吸收）。此种现象主要源于波动的能量在传播过程中有一定比例转换为其他形式的能量，因此在传播过程中，声波的振幅和强度逐渐减小。

声波在遇到障碍物时，会产生部分折射，并且一部分能量会被障碍物内部的介质所吸收。声波的吸收程度与介质的材料类型、厚度、表面的光滑程度以及声波的频率等因素密切相关。例如，多孔材料如纤维板、矿棉、毛毡等，因其具有较高的吸音系数，能够有效地吸收高频声波，而对低频声波的吸收能力较弱。而板状吸声体如木地板、玻璃、灰泥板等，则对低音频能量的吸收效果显著。随着材料厚度的增加，吸音能力也相应增强，尤其对低音频的吸收更为显著。通过合理搭配不同类型的吸声材料，可以保持房间内各音频吸声量大体等同，从而改善房间的频率传输特性。

在低频段，声波的波长较长，常常能够越过高频声波不能越过的障碍物。空气中传播的声波，其吸收特性与频率具有明显的关联。声波频率越高，能量损耗越大；频率越低，能量损耗相对较小。因此，高频声波往往无法传播较远，而低频声波则能传播得更远。此现象在实际应用中具有重要参考价值。例如，在制作战争题材的影视剧时，若场景展示的是远方的战斗，可以主要突出低频音效，如坦克行进声、隆隆炮声等。反之，在近战场景中，应注重高频音效，如子弹呼啸声、伤兵哀叫声等。就材料的吸声机制而言，多孔材料的内部孔隙结构使得声波进入材料内部后，其波动能量被多次反射、散射和吸收，从而明显减少了反射回空气中的声能量。从微观结构上看，多孔材料内部孔隙的直径、形状和分布都对声波的吸收率产生重大影响。微小孔隙能够有效地吸收较高频率的声波，而较大孔径的孔隙则更适合吸收低频声波。此外，由于多孔材料的内部结构具有复杂的几何形态，使得声波在传输过程中的能耗增加，最终转化为热能，从而达到吸收效果。

另一方面，板状吸声材料的吸声机制主要依赖于材料的结构刚度与厚度。刚性较大的板状材料在承受声波冲击时，其表面会产生微小的振动，这些振动使得声波能量被材料内部结构吸收。板材的厚度增加，将显著增强对低频声波的吸收效果。这是由于较厚的板状材料能提供更大的阻尼作用，从而使得声波能量在材料内部多次反射并减弱。

声波在室内传播时，其吸声效果不仅依赖于材料本身的物理特性，还受到房间结构、布置等因素的影响。声波在传播过程中与墙壁、天花板、地板等多次发生反射，形成驻波，这些驻波的存在会导致房间某些区域声场分布不均。通过科学设计和合理选用吸声材料，可以有效减少室内驻波现象，优化声场分布，从而收到良好的声学环境效果。

第二节 声音的生理及心理特性

耳朵作为接收外界信息的重要器官之一，能够让人类聆听到大千世界中各种变化的声音。这一功能的特殊之处在于，人耳与大脑对声音的响应方式显然不同于典型的电声测量系统。典型的测量系统中，输入端的音量变化会在输出端引起相应的变化，这种输入与输出的关系曲线往往是一条直线，故而被称为线性系统。然而，人耳和大脑的"输入"和"输出"关系则大有不同。基本上，听者对声音的心理判断会受到身体健康状况、以往受过的听觉训练和对新环境的适应性等多重因素的影响。因此，声音的变化与听者的心理感受之间并不存在简单直接的比较方法，这使得人类的听觉被视为一种非线性现象。

心理声学则是研究物理声刺激与心理判断之间相互制约关系的学科，探讨的内容包括我们如何听到声音的主观感受。其中涉及多个方面，例如响度、音调、音色、噪声干扰电平以及声音定位等。心理声学以研究这些主观感受为主，关注的是人在不同情况下，对相同声音的感知差异。

响度乃是指声音的强度和感知的大小，某些声音在相同的物理音量下，其响度感知却不同。此外，音调则涉及声音的频率高低，即我们日常生活中常说的高音与低音的差异。对于音乐而言，音调的变化尤为明显，它是音符的基础，也是我们感知旋律的根本。音色则指声音的质量和特性，使人可以区分出不同的乐器或声音来源，即便它们发出同一个音调。噪声干扰电平主要涉及外围噪声对听觉的干扰程度，有时环境中的杂音会严重影响人们对主要声音的辨识。声音的定位则是指人类如何感知声音来源的位置，例如清晰地知道声音是从左边、右边、前方或者后方传来的。

研究心理声学，旨在从主观角度理解和解释人类的听觉体验，特别是在非线性条件下的变化规律。由于这是一个专门的学科，本节仅对一些基本概念做简单介绍。

一、人耳感受声音的一般过程

人耳对声音的感受过程涵盖了一系列复杂的生理机制，主要依靠外耳、中耳和内耳的协作功能，以及听神经和听中枢的感音功能实现。声音在生理学上是指声波作用于听觉器官所引起的主观感觉，听觉的产生是由声波引起的复杂生理过程。

声音的传导是从外耳开始的。外耳包括耳郭和耳道，其主要功能是聚拢声波并将其传导至鼓膜。耳郭通过其独特的褶皱结构，能够有效地反射和折射高频声波，从而帮助定位声源，包括前后方向和高度。声波通过耳道传播至鼓膜，引起鼓膜的振动。接下来，中耳负责传递鼓膜的振动。中耳由三块听小骨组成：锤骨、砧骨和镫骨，这三块小骨构成了一个精密的机械传输系统，将鼓膜的振动传递至内耳。中耳还包含咽管，咽管连接中耳与咽喉腔，起着平衡气压的作用，以保护内耳免受外部强声压的损害。内耳是听觉系统的核心部分，包含耳蜗。耳蜗外形像蜗牛的壳，其内部结构包括前庭膜、基底膜和被两者包围的蜗管。蜗管内充满液体，液体的波动有助于建立平衡感。在基膜表面，分布着数以万计的神经末梢，这些神经末梢是听觉神经系统的重要组成部分，负责收集声波信息并将其传递至大脑。

耳蜗的功能是将声波的机械振动转换为生物电能，产生神经冲动。声波引起的振动在耳蜗内传播，引发液体的流动，这种流动通过耳膜上的神经末梢被感知，并转化为电信号。电信号随后通过听觉神经传递到听觉中枢，听觉中枢对这些电信号进行处理和分析，最终产生听觉感知。

声音传导至内耳的途径有两种：空气传导和骨传导。在正常情况下，声波主要通过空气传导进入内耳，即声波在充满空气的外耳道和鼓室腔内传播，最终到达内耳。另一种传导途径是骨传导，声波通过颅骨振动直接传入内耳。例如，当音叉的振动传至颅骨时，也会被内耳感知到。这种通过颅骨传导声波的方式被称为骨传导。通常情况下，正常听力的人主要依靠空气传导来感知声音，骨传导在日常生活中起到的作用微不足道。只有在外耳或中耳病变导致声波传递受阻时，骨传导才会发挥弥补听力的作用，例如骨导式助听器便是利用这种传导方式帮助感知声音。

人耳对声音的感受还会因个体差异而有所不同。当声音的强度引起疼痛时，被称为"痛阈"，这一阈值在 1kHz 的纯音下约为 140dB。然而，听到声音与感到头痛之间并没有明确的界限。当某些高频声音尚未达到最大可听界限时，也可能引起某些人或动物的烦躁不安。随着年龄的增长，人耳对高频声音的感受逐渐减弱，年轻人的耳朵能听到的最高频率通常高于老年人。

二、对听觉产生影响的声音特性

人类对于声音的主观感知可以通过音调、响度和音色这三个参数来感受，这三者构成了人类听觉特性的核心要素。在声波的物理特征中，音调对应频率的变化，响度是由振幅决定的，而音色则与声波的频谱分布息息相关。上述三项特征共同作用，使得人类能够区分和识别各种声音的不同特点。这种听觉系统的复杂性，使得声音的欣赏、辨别和理解在声学研究和日常生活中尤为重要。

（一）音调

音调，或称音高，是指人类感知声波频率的主观体验。其本质与声波频率密切相关。一般而言，当物体振动频率加快，产生的音调便越高；反之，振动频率减慢，音调也随之降低。然而，人类的听觉系统对物体振动频率的感知存在一定范围限制，振动频率过低或过高均无法被人耳检测到。人耳能够感知的频率范围通常介于20Hz至20kHz。频率超过20kHz的声波称为超声波，而低于20Hz的声波则称为次声波。无论是超声波还是次声波，均在人耳的听觉范围之外，但地震波和海啸所产生的次声波可以通过振动传递感觉。

相比之下，某些动物的听觉系统对声波频率的感知力远超人类。例如，蝙蝠能够通过超声波进行导航和捕食，而鲸鱼和大象可以产生频率为15～35Hz的声波，这些频率大多低于人类听力范围。这些动物的听觉系统适应了其生存环境中的特殊需求，使其能够感知和利用特定范围的频率。

人类语音的频率范围主要集中在200Hz至4kHz。女性语音的频率通常高于男性，而儿童的语音频率则高于成人。此外，生活中常见的锣声和铃声的频率在2kHz至3kHz，而大鼓声的频率则相对较低，通常在数十赫兹。尽管这些声音频率差异较大，但它们都在人耳的听觉范围之内，能够被清晰感知。在研究和讨论声音频率时，高频和低频是相对概念。在语音频率范围内，通常将1kHz以上的频率区域称为高频区，而500Hz至1kHz的频率区域称为中频区，低于500Hz的频率区域则称为低频区。各频率区域对听觉的影响和感知体验各异：高频区域通常与清晰度和分辨率有关，中频区域多与声音的饱满度和均衡性相关，低频区域则与声音的厚重感和冲击力密切相关。

（二）响度

响度是描述人耳对声音强弱感知程度的一种心理量，它与声波振幅这一物理量相对应。尽管响度与声压之间存在一定关系，但二者并不完全一致。考虑到人耳的解剖构造，外耳具有一定长度的耳道，使某些频率的声音产生共鸣，进而提高声感灵敏度。因此，响度还与声音的频率密切相关。

在人耳听觉系统中，能听到的最弱声音的声压与能使人耳感到疼痛的声压之间相差悬殊，约有六个量级，大小相差达一百万倍。在表达和应用过程中，这样的巨大差别显得极为不便。同时，人耳对声音的感知并非线性关系，感受的强度并不与声压绝对值成正比，而是与声压的对数值近似成正比。因此，为了便于描述，我们采用对数比例尺来表示声压与标准参考值之间的比值，这种表示方法被称为声压级，其单位为分贝（dB）。我们通常将人耳刚刚可以听见的声压作为参考值。

　　听觉系统中，人耳能够感知到的最小声音级别被称为听觉阈值，将其声压级定义为0dB。通常人耳的听力范围从0～120dB。比较安静的背景噪声大约在30dB；相距1m左右谈话时声音的平均声压级约为60dB；公共汽车中的声音约为80dB；重型载重车、织布车间和地铁内部的噪声约为100dB；使人耳感到疼痛的声压级大约在120～140dB；大炮轰鸣与喷气式飞机起飞的声压级约为130dB。不同人对最强音和最弱音的感知范围存在个体差异，且对不同频率声音的敏感度也有所不同。使用等响曲线可以描述响度、声压和频率之间的关系。等响曲线是通过不同频率的纯音响度与1kHz纯音响度进行直观比较得到的。每一条等响曲线上的点都具有相同的响度级，表示某响度与基准响度比值的对数值，其单位为方。若人耳感到某声音与1kHz单一频率的纯音响度相同时，该声音的声压级即为其响度级。

　　从等响曲线中可得出以下结论。响度与声压级相关，当声压级提高时，响度相应增大。最低的虚线表示人耳的最小听觉阈值，低于此曲线的响度区域即使存在一定的声压，人耳也感觉不到声音。此外，人耳听到不同频率声音所需的声压级不同。在高声压级时，等响曲线相对平直，说明在高声压级下，不同频率的声音其响度差异较小。在低声压级时，等响曲线变化较大，尤其是在低频区的变化更为明显，表明在低声压级区域内，声压级稍有变化，低频声音的响度级就会明显变化。例如，当频率为1kHz时，声压级由20dB变化到40dB，响度级从20方增加到40方；而在100Hz时，只需约15dB的变化，响度级就会增加20方。

在等响曲线中，位于 3kHz 到 5kHz 频率范围内的声音达到某个响度级所需的声压级相对较低。这是由于外耳道对该频段的声音产生共鸣，使得这一频段的声音听起来更为响亮。例如，在 50dB 声压级时，40Hz 频率声音的响度级为 10 方，而 4kHz 频率声音的响度级可达 60 方。这说明人耳对 3kHz 至 5kHz 频段的频率更加敏感，随着频率的降低，听觉灵敏度逐渐下降。因此，许多立体声功放和接收机具备"响度"控制，通过增强低频响度，使高低频率表现更加平衡，从而弥补人耳听觉在低频灵敏度方面的不足。

声感不仅仅由声压级和频率决定，还与声音的持续时间相关。对某一声音响度估计需要达到一定持续时间。在这一最短时间值以上，随着持续时间的增加，响度也会相应增强；而若声音持续时间较长，其响度也会变化。通常情况下，对高强度声音，为获得相同主观响度，需随时间加长而增加声强；而对低强度声音，与此相反，随着时间推移，对响度的感受会不断增加。此外，等响曲线还与人的年龄及耳道结构有关。

（三）音色

音色，是声音属性中极为复杂且多样的一个维度，它由声波的谐波频谱和包络所决定。基频产生的振动被称为基音，而各次谐波的微小振动则产生泛音。纯音是指单一频率的音，而复音则是具有谐波的音。通过基音与泛音的种种特征，可以将同一响度和音调的声音区分开来，这依赖于其基音与泛音之间固有频率及不同响度的区别。

乐器之间的音色差异，源自其所产生的声波波形的独特性。不同的乐器，即使奏出相同的乐音，其音色听起来也不一样，这正是由于物体振动形成的声波波形存在差异。这种独特波形决定了某种乐器或声源的独特音色。声波各次谐波的比例以及随时间的衰减状况，进一步决定了不同声源的音色特征。包络曲线，定义为每一波峰间的连线，可以影响声音强度的瞬态特性。

高保真音响的目标，是尽可能精确传输、还原和重建原始声场的特征。此举旨在使听众能如临现场，感受到声源的定位感、空间包围感、层次厚度感等多种临场体验。自然界中，纯音的声源极为罕见，绝大多数声音是由许多不同振动成分组合形成的，即由多种强度和频率不同的成分所构成。复合音正是由这些复杂的声波组合而成。相比于单频率的正弦波，复合音的波形复杂程度明显增加。乐器如小提琴、大提琴、黑管、风琴、长笛、小号、定音鼓、钹、镲、沙锤等，正是因其复合波组成的不同，而呈现出各自独特的音色。

除了纯音外，所有声音都由其固有频率的基波和不同响度的谐波共同组成。哪怕两个声音的基波与谐波频率完全相同，但其振幅比值不同，也会使合成后的声波波形有所不同，从而使声音拥有其独特的音色。如此，便形成了广泛多样的声音区别。声音的基本单元为正弦波，然而复合音的波形远比简单正弦波复杂得多。不同乐器音质的差异，来自其复合波的组成不同。基音与泛音的各种比例及其包络随时间的变化，决定了声源音色的专属性。电子音响技术在高保真领域的应用，就是为了最大限度地还原这些特定音色，使听众感受到准确、真实的声场特征。此外，音色的丰富性和多样性还涵盖了声音的质地、表现力等。通过不同声源的频谱分布和动态变化，可以使人充分感受声音的各种细微差异和复杂变化。可以认为，音色的独特性和多样性体现了自然界声音的无穷魅力和复杂性。

科学研究表明，音色在音乐感知和乐器辨识中具有重要作用。通过音色，人们可以辨识出不同声源的特点，并感知到声场的空间特性和深度。例如，小提琴的音色能够带来明亮而富有穿透力的感受，而大提琴则具有厚重、丰满的音质。在交响乐团的演奏中，音色的多样性和层次感使整个音乐作品更具表现力和感染力。在声音工程和声学设计中，音色的分析和控制同样是关键一环。通过对声波的频谱和包络进行精细调控，可以实现对音质的优化和音效的提升。例如，高保真的音响系统通过精确还原声音的原始特征，使人们在室内环境中也能享受到如同在现场般的听觉体验。对于声音的处理和再现，音色的控制至关重要。

三、人耳的听觉特性

（一）掩蔽效应

掩蔽效应在日常生活中具有重要意义。声音掩蔽的现象常常会影响人们对周围环境的听觉感知能力。一种声音的存在能够使另一种声音变得难以听见，这种现象被称为"掩蔽效应"。掩蔽效应的研究帮助我们理解人类听觉系统的复杂特性，并在噪声控制、听力保护等领域具有广泛应用。

掩蔽效应的基本概念包括掩蔽音和被掩蔽音。在安静环境中，耳朵能够轻松分辨出各种轻微的声音。然而，在嘈杂的环境中，即便是较为响亮的声音也容易被淹没。对人耳听觉能力造成干扰的声音被称为掩蔽音，而被干扰的声音则称为被掩蔽音。掩蔽效应下，被掩蔽音的强度需要增加到一定水平才能重新听见，这个水平被称为掩蔽门限，增大部分称为掩蔽量。例如，假如声音 A 的原始强度为 15dB，但在受到声音 B 的干扰后，其阈值需提高到 25dB 才能被再次感知，此时的掩蔽门限为 25dB，掩蔽量为 10dB。

掩蔽效应主要分为两种形式：纯音掩蔽和噪声掩蔽。纯音掩蔽是指以特定频率的纯音来掩蔽另一种纯音，并观察后者的阈值变化。实验表明，纯音在其频率附近掩蔽效果最佳。低频纯音往往能有效地掩蔽高频纯音，而高频纯音对低频纯音的掩蔽效果不明显。

在日常生活中，更为常见的是噪声掩蔽。噪声由多种不同频率的纯音组成，具有广泛的频谱，能够影响整个频段，因而掩蔽情况也更加复杂，这使得控制和处理噪声更加具有挑战性。窄带噪声掩蔽实验提供了具体的观察对象，实验中发现，最大的掩蔽效果通常出现在掩蔽音频率附近。随着掩蔽音强度的增加，掩蔽量也会随之增大，这一过程直观地反映了不同频率的声音在掩蔽效应中的互动关系。

另一种分类方式则将听觉掩蔽分为频域掩蔽和时域掩蔽。频域掩蔽，或称同时掩蔽，指的是当掩蔽音与被掩蔽音同时存在时发生的掩蔽效应。在频域掩蔽中，一个强音会掩蔽同时发生的邻近弱音。一般情况下，弱音离强音越近，它被掩蔽的程度越高，反之则掩蔽效应越小。这种掩蔽效应在掩蔽声存在期间会持续发挥作用，是一种较为强烈的掩蔽效应。时域掩蔽，或称异时掩蔽，指的是掩蔽音和被掩蔽音不同时出现所产生的掩蔽效应。时域掩蔽的主要原因在于人脑处理声音信息需要一些时间。在这种情况下，掩蔽效应会迅速衰减，是一种较弱的掩蔽效应。这种现象表明，即便不同时间出现的声音，也可能因掩蔽效应而影响听觉感知。

掩蔽效应的研究为我们提供了许多重要的启示和应用。首先，掩蔽效应帮助我们理解噪声对听力的损害机制，进而通过改善环境设计、使用降噪设备等方法来保护听力。耳罩、耳塞等个人防护设备成为防止噪声伤害的重要手段。同时，掩蔽效应也被广泛应用于听力测试和分析中，通过了解不同频率的声音如何相互影响，能够更为准确地评估听力状况并制定相应的治疗措施。此外，掩蔽效应在音频技术中的应用同样不可忽视。例如，在音频编码中，掩蔽效应被用于减小音频文件的大小。通过去除被掩蔽的音频成分，可以在不明显降低音质的情况下，实现音频数据的高效压缩。这种技术在 MP3 等音频格式文件中得到了广泛应用。

（二）双耳定位效应

人类的听觉系统在感知和定位声源方面展现出极其复杂和精妙的机制。正常情况下，人们依靠两只耳朵接收声音，从而判断声源的方向和距离，感知声源的运动，并在嘈杂的环境中辨别较弱的声音。这一过程不仅仅涉及简单的声音接收，还包括多种复杂的听觉现象和机制的共同作用。

双耳接收纯音信号时的阈值明显低于单耳，这一现象称为双耳综合作用。在接收白噪声和语音信号时，双耳也表现出类似的效果。双耳在对声强度和频率的分辨能力上都超过单耳。在日常生活中，两只耳朵所接收到的声音信号在时长、强度和频谱上都是互不相同的。然而，人们听到的却是一个单一的声音，这种现象被称为双耳融合。

在空间上，正常的听觉系统能够精准地判断出声源的远近、上下和前后。这也就是人耳的双耳定位效应。双耳定位效应的根本原因在于声音到达左耳和右耳的时间及强度上存在细微的差异。因为大多数情况下，声源相对于双耳的位置存在距离上的差异，从而导致声波到达双耳时产生时间差和强度上的差异。

当双耳与声源的距离不同时，会产生强度上的差异。声源通常不会位于人体的正中间，因此与双耳的距离差异会导致双耳的声强差异。声音必须绕过头部才能到达距离声源较远的一只耳朵，在此过程中，头部及其周围的物体对声波的吸收会削弱声音的强度。尤其在频率为 1kHz 以上的高频声的定位上，人脑依赖双耳接收的声强差，通过听觉神经感知和分析声源的方位。

当声音同时到达双耳，时间差为零。绕过头部所产生的最大时间差约为 0.5ms。相位差则是由声波到达人耳的时间差引起的。声波到达双耳时，时间差和相位差同时出现。高频声和低频声的传播速度相同，所以时间差不受声音频率影响，但相位差与声音的频率密切相关。对于低频声，人脑利用相位差进行声源定位的效果尤为明显。

在进行声源定位时，头部通过左右转动可以进一步提高定位的准确性。然而，在人的正前方或正后方的上下位置上，双耳定位效应的准确性较差。尤其在对称轴上存在一些盲点。实践表明，人耳对声源方位感觉的敏锐度与声音信号的性质有关。人耳对噪声较为敏锐，而对纯音则较为迟钝。单脉冲声音的方向比连续持久声音的方向更容易辨别。此外，对声源间位置的感知还与个人的识别能力和经验有关。对熟悉的声音和环境，声源位置的判断更为准确。

立体声正是利用了双耳效应。在聆听音乐或观看影视画面时，立体声能够带来真实、动听的效果。这是因为双耳通过双耳定位效应感知各个声源来自不同的空间位置，从而产生身临其境的感觉。因此，双耳定位效应是立体声听觉体验的重要条件。通过这一效应，人们在复杂的环境中能迅速辨别并定位声源。这一能力对于生存和日常生活都有着至关重要的作用。从进化的角度来看，能够准确判断声源的方向和距离，是人类躲避危险、寻找猎物以及进行社交活动的重要基础。例如，在自然界中，捕猎者须准确定位猎物的声音以成功捕猎。而在城市生活中，识别和定位汽车喇叭的声音可以避免交通事故。在社会互动中，能够准确感知对话者的方位与距离，有助于更好地沟通和互动。

关于高频声和低频声的定位，人类的听觉系统通过不同的机制运作。高频声主要依靠双耳之间的声强差来定位，而低频声则更多依靠相位差。这种复杂的听觉机制使人们能够在各类环境中获得准确的空间听觉信息。此外，人的识别能力和经验在声音定位中也起到了不可忽视的辅助作用。

在人类的音乐和影视娱乐中，利用双耳定位效应提升音频效果的立体声技术广泛应用。例如，环绕立体声系统通过多声道音箱在不同位置播放声音，使听众能够感知到声音来自四面八方，营造出逼真的听觉环境。这种技术不仅提升了音频的真实感和沉浸感，也增强了音乐和影视作品的表现力和感染力。

值得一提的是，科学家和工程师不断研究和开发新的音频技术，利用双耳定位效应来提高音频设备和通信系统的性能。例如，3D音频技术不仅在娱乐领域得到了广泛应用，还在虚拟现实和增强现实环境中展现出巨大潜力。通过模拟和增强双耳定位效应，用户可以在虚拟环境中获得真实的空间听觉体验，从而提升虚拟现实的沉浸感和交互性。

（三）优先效应

优先效应是一种与人类听觉和认知息息相关的现象，探讨了在空间定位和时间差异的影响下，人耳如何感知声源方向的问题。在分析该效应时，主要通过扬声器发声实验得到相关结论。

在实验中，当两个扬声器在水平面上分布并同时发出相同的声波信号时，听音者会感受到声像处于两扬声器之间的位置。这是因为声波同时到达双耳，没有产生时间和压级差，听觉系统将声像定位于中间位置。然而，一旦为其中一个扬声器加入适当的延时或将其位置稍微后移，声源在双耳处将会出现时间差，这一时间差直接影响了听觉系统对声源方向的感知。实验证明，当时间差小于3ms时，声像会向没有延时的扬声器方向偏移。在这个时间范围内，虽然声音从两个扬声器中同时发出，但由于微小的时间差，人耳会偏向于认为声音来自未延时的声源方向，这是优先效应的初步体现。

当时间差在3～50ms之间时，听音者会明显感知到声音首先来自先到达耳部的扬声器的方向。此时，虽然声响仍然保持在未延时的声源位置，但能清楚感受到延时的声源的存在。这个区间的时间差使得听觉系统能够区分出两个声源，而将重点放在最先到达的声音上。当时间差超过50ms时，听音者将会感觉到有两个相同内容的声音依次到达。由于这种明显的时间先后差距，一个声音的前后顺序变得明显，因此听者会感受到回音的效果。这时，双耳不仅能感知到时间差，更能区分出两个独立的声音，从而形成回声的效果。通过分析这些实验结果，可以深入理解优先效应在听觉系统中的作用机理。优先效应是人类听觉系统的一种生理和心理现象，确保在复杂的声环境中能够快速正确地定位声源。人耳对于时间差的敏感度和处理能力，帮助实现了对声源方向的判断和居中感知，提高了在日常生活中的多任务处理能力和空间定位能力。

优先效应不仅在听觉领域具有重要意义，还在声学设计、音响工程、虚拟现实等领域发挥着关键作用。通过对优先效应的理解和应用，可以优化扬声器的摆放和延时设置，提升音响效果，增强听觉体验。在虚拟现实和增强现实领域，通过模拟声音到达时间差，可以增强沉浸感和真实感，使用户获得更加逼真的音频体验。

四、声音音质的评价标准

录制出声音源的原有音色是一项技术与艺术相结合的复杂工作，高保真度作为这一过程中的核心概念，旨在通过各种手段，尽可能精确地还原原始声波，无论是在人类听觉层面还是在电子设备的表现层面，均避免任何失真引起的音色变化。然而，声音质量的评估不仅依据技术指标，同样也要求通过人耳的主观听感进行评估。这种主观评估过程则涉及人类生理听觉和心理听觉的差异。

实际上，对于什么是好的、逼真的重放声，几乎没有绝对的一致观点存在。每个人的听觉系统存在差异，其中一个人可能对高频的精确重放声极其偏爱，而另一个人却可能对同样的高频声产生厌烦情绪。这种情绪差异的产生，部分归因于生理听觉上的差异。因此，在进行声音质量评价时，采用一组人模拟一对普通耳朵的方式，能够更客观地对声音音质进行评价，从而达到较为公允的结论。

进一步探讨，主观音质评价不仅涵盖了生理层面，还涉及技术与艺术等多个领域。人们对声音的主观评价随着个人文化背景、主观习惯、偏爱、修养等不同因素的影响而产生差异。譬如，事前暗示可能会左右一个人的听感，训练有素的耳朵可能会让其更加敏锐，而此类听感的差异远远超过了先天生理听觉的差别。尤其在影视声音艺术创作领域，这种差异变得更加明显，由于影视声音涉及总体艺术构思中的方方面面，如创作动机、时代背景、题材、主题、时空结构、视听风格等，其评价标准也因此更为复杂。

好的声音质量应强调各种声音元素的平衡感，这包括低音的丰满和柔和、中低音的浑厚和有力、中高音的明亮和透彻以及高音的纤细和洁净。整体上，不应显得浑浊、硬朗、粗糙，而要层次分明，从而具备较强的真实感。长期以来，鉴于人们所从事的专业工作不同，主观评价内容有所差异，评价语言也独具特色。目前，许多与声音聆听相关的专业部门或领域均有一套独特的评价用语，并用于具体描述声音的音质，但同样会出现不同专业领域对同一个声音的不同术语描述。音质评价中的八个常用描述词汇分别是明亮度、丰满度、精度、平衡度、柔和度、力度、真实感和立体感，这些指标构成了音质评价的重要标准，并在此基础上给予了一定的解释。

第三节　声音的艺术属性

声音的艺术属性体现在声音元素的运用上，这些元素包括语声、音响和音乐等。在影视作品中，声音以其独特的方式形成了综合的听觉印象，从而成为一项重要特性。这一特性不仅仅是技术上的表现，更是艺术性的体现。通过语声的音调、音色、力度等物理属性，创作者能够刻画人物的性格，其中包含了细腻的情感与心理描绘，赋予角色更为鲜活和立体的形象。从感性体验的角度来看，声音形象与人类自身的各种感官之间存在着内在的、重要的联系。各种自然现象通过多方面的感性体验逐渐进入声音范畴，使得声音具备了更为强烈的感染力。比如，在影片中，通过适当的声音设计，可以将视觉感官所能呈现的内容进行补充和延伸。这不仅增强了观众的沉浸感，还能够通过声音引导观众的情绪和心理，制造惊喜、紧张或平和等多种情感体验。

一、声音的空间感

声音的空间感意味着人耳对声源所在立体空间的感知。不同的空间环境会赋予声音特有的空间特性。通常情况下，依靠自身的生活经验，人们能够辨别出室内和室外的声音。此外，还能区分出不同声学特性以及不同体积大小的封闭或非封闭空间。这种能力主要受限于所处环境的声学特性。

在写实主义风格的影视作品中，声音的空间感应当与画面所表现的空间范围相吻合。这种一致性可以出现在画内，也可以在画外，这样能够增强影片的真实感和亲切感。声波在封闭和开放空间中的传播方式不同，回响和衰减的特性也会有所不同，这些差异被人耳捕捉到，从而生成空间的整体感知。

而在表现主义风格的影视作品中，声音的空间感与画面空间感的矛盾则常常被巧妙利用，以达到特定的艺术效果。例如，通过不一致的声画空间关系，可以营造出一种超现实的氛围，或是制造出特定的情感冲击。这种手法不仅丰富了观众的听觉体验，还增强了视觉和情感的互动。

声音的空间感主要体现在环境感、透视感、方位感三个方面，下面将分别介绍。

（一）声音的环境感

环境感在声音设计中占据着至关重要的位置。它不仅体现在电影和电视作品中，也在纪录片、广告、游戏以及各类多媒体内容中得到广泛应用。声音设计中的环境感指的是通过声音来描绘一个特定的空间环境，使听众能够通过听觉感知到该空间的特点与氛围。

在真实生活中，声音无所不在，从风吹草动到人群的喧嚣，这些声音构成了我们所处环境的听觉背景。声音设计师通过收集、处理和再现这些自然和人工的声音，塑造出一个或真实或虚构的世界。在纪录片中，环境音被用来增强真实性和代入感。例如，海洋中的浪花声、森林中的鸟鸣声或者城市中的街头喧哗声，这些声音不仅丰富了画面的层次，还让观众更加沉浸在所展现的环境中。在游戏中，环境音的设计更是无处不在。一个充满张力的战场离不开爆炸声、呼叫声等立体音效的支持，而一个宁静的村庄则可能需要轻微的风声、水流声来营造祥和的氛围。通过对这些声音的精确设计和布置，游戏开发者能有效地提升玩家的体验，使其感受到身临其境的震撼。广告也不例外。一个成功的广告在声音设计上同样需要创新与精准。背景音乐、环境音效和配音的结合能够在短短几秒钟内将品牌的理念传达给受众。比如，一则宣传全球旅行社的广告可能通过多种环境音展现世界各地的风景，从而激发观众的旅行欲望。

这种环境感不仅通过声音的种类来表达，还通过声音的层次、方向和动态变化来实现。由于人耳具备全方位接收声音的能力，设计师在创造时必须考虑到声音从不同方向传来的效果，从而真实地模拟实际的听觉体验。

（二）声音的透视感

声音的透视感，又被称为距离感、远近感或深度感，是声音设计中的重要概念。在不同的空间环境中，直达声和反射声的比例以及声音振幅的大小可以使听者感觉到声源的远近距离。通过声音的物理特性，可以展现声源与听者之间的距离感，这包括远近、深浅、虚实等多种维度。同时，还能呈现声音的层次感，包括全景声、中景声、近景声和特写声的层次变化。此外，通过声音还能够感受到发声体的位移、规模、强弱、快慢及相位的运动感。

影视镜头的"景别"概念同样适用于声音领域，可称为"声景"。声景指的是通过调节音量，从大到小或从小到大的变化，让听者习惯性地认为声音在远离或靠近，从而感受到声音的运动轨迹。例如，当声音逐渐减弱时，会自然地判断声源在远离，而当音量不断增大时，会感到声源在靠近。这种声音的运动感能够极大增强听觉体验的层次和真实性。在电影、电视剧、广播剧以及其他多媒体作品中，声音设计不仅仅是对话和音效的简单叠加，更是通过精心设计的声景，来讲述故事和传递情感。不同场景下的声音设计，能够营造出不同的氛围，在强化视觉效果的同时，给予观众更丰富的体验。例如，当角色穿越一片广阔的旷野，声音设计可以通过引入远处的风声、远方的鸟鸣等营造出开阔的感觉；

当角色进入狭小密闭的空间时，通过增强回声和细微的环境音，能让观众感受到空间的局促和压迫感。这些都是声音的透视感和层次感在实际应用中的体现。

声音的设计还可以通过声源的大小和强弱来传达情感。例如，强烈的声音通常用于表达紧张、恐惧或兴奋的情绪，而柔和的声音则适合表现宁静、温馨或忧伤的氛围。声音的快慢变化也能够对观众的心理和情绪产生影响，通过快速的节奏可以营造紧张和急促的感觉，而缓慢的节奏则能够传递平静和舒缓的情绪。

（三）声音的方位感

声音的方位感，其实是声源在空间中的方向感。这一概念在不同的空间环境中更加明显，比如在室内、户外或大殿中，声音到达耳朵的时间、强度和相位是各不相同的。这些微妙的差异使人能够准确地区分声源的具体方向和所处位置。可以说，方位感中还蕴含了距离感的成分。

耳朵作为人体的一部分，实际上扮演了一个非常复杂而精密的声像定位系统的角色。它能够在 360° 的空间内，精准地判定声音的方位。这种定位能力是由人类的双耳结构和复杂的听觉处理系统共同作用的结果。双耳收到信号的微小时间差和强度差，被大脑迅速解析，定位出声源的位置。例如，人站在山顶高呼，其声音的传播方式和时间标志会不同于在旷野中呼唤、在屋内叫喊或者在大殿中轻语的情况。

这种方位感在声音设计中起着至关重要的作用。从声音工程师到电影剪辑师，所有涉及声音设计的工作者，都具备将声音空间感和方位感加以充分利用的能力。通过巧妙的声道分配和音频处理技术，可以使听者毫不费力地感知到声音的具体来源，实现身临其境的听觉效果。在电影和游戏中，声源的方位感增强了作品的现实感和参与感，使人能够深入地体验其中的场景。

方位感也在音乐制作中得到了广泛应用。现代录音技术的发展，使得音乐作品能够在不同的声道中分配各种音响元素。如主唱、背景音乐和效果音等，通过不同声道的分配和调制，形成三维空间的音效体验。这不仅提升了音乐的层次感和现场感，还使得听众能够在不同的声音元素之间找到协调和平衡。不仅在艺术领域，科学技术的发展也使得声音的方位感被应用到更多实际场景中。例如，导航系统的语音提示可以根据用户的移动方向自动调整声音的方位，使得指示更加直观和准确。此外，助听设备的设计也充分利用了方位感原理，通过调整声音输入的方向，提高了听障人士的生活质量。

二、声音的运动感

声音的运动感是一种通过声源的位置和运动变化，利用声学效应和艺术手法，为观众带来听觉和感官上的动态体验。无论是在影视剧、纪录片还是其他类型的视听作品中，运动感在声音设计中的应用都极为重要。

最经典且易于理解的便是多普勒效应。多普勒效应是指声源在运动时，其声音会因位置的变化引起音量和音调的明显变化。当声源与听众靠近时，所接收到的频率升高；相反，当声源远离时，频率降低。例如，火车鸣笛由远而近再由近而远行驶时，声音先变高再变低，营造出强烈的运动感。这种效应广泛运用于电影、动画以及游戏中，不仅能生动地表现出物体的运动速度和方向，还能增加场景中的真实感和冲击力。

三、声音的色彩感

声音和画面不同，因为它没有具体的形态。因此，声音的色彩感实际上只是对声音艺术特性的特别描述。这种描述方式的目的，是为了让人们能够更深入地理解和认识声音的艺术特性。声音的色彩感可以使听觉变得更加丰富多彩，让听者通过不同的色彩联想，感受到声音中的情感和变化。

（一）声音中的地域色彩

通过声音来展现一个地区的地域特色，是一种充满魅力的表达方式。这种表达通常由声源的地域环境和生活习俗决定。在各种形式的艺术作品中，合理运用具有地域色彩的声音元素，如方言、民歌或特色音效，可以创造出独特而鲜明的声音形象，进而生动地反映出该地区的社会习俗和风土人情，从而增强作品的艺术感染力。

在纪录片中，声音的地域色彩尤为重要。某些纪录片通过精细捕捉地方特有的自然声音，如森林中的鸟鸣、河流的潺潺声和市场中的喧嚣声，无不在观众耳边描绘出一幅生动的地域风景画。此外，纪录片中的叙述者往往采用当地的口音或方言，使观众更贴近正在展现的地方文化。这种声音的还原和表现，不仅赋予作品真实感，还使观众在聆听的过程中自然而然地体验到当地的风土人情和文化氛围。

不仅如此，声音的地域色彩在广播剧和有声文学中也扮演着重要角色。地方民歌、传统乐器的演奏以及市井中的日常对话都可以成为塑造地域声音的元素。比如，在一部以江南水乡为背景的广播剧中，加入船夫的吆喝声、水波拍打船身的声音，瞬间会把听众带回到那个特定的时空，感受江南的柔美与人情味。这样细腻的声音设计，不仅能加强作品的代入感，还能让听众有更深层次的文化共鸣。

（二）声音中的民族色彩

声音在展示和反映民族特征、风俗习惯等方面具有独特的功能。在特定的生活环境、内容和条件下，声音能够刻画出不同国家和民族的社会生活色彩，形成其独到的传统和习俗。这样的民族色彩可以通过声音的内容和形式呈现出来。

在纪录片中，声音设计同样发挥着不可替代的作用。通过对当地的环境音、方言和独特的民族音乐进行捕捉和融合，能够为观众呈现出真实的生活场景和文化氛围。例如，记录一部关于原始部落生活的纪录片时，通过捕捉部落居民的日常交流、祭祀的歌声以及劳动中的吆喝声，展现出部落居民特有的生活习俗和语言特点。这样的声音设计不仅让观众身临其境，还极大增强了影片的感染力和真实性。

在戏剧表演中，声音设计也能充分体现出民族特征。通过选择具有民族特色的乐器和音乐形式，为剧作增添地域色彩。例如，利用传统的民族乐器如笛子、琵琶、萨克斯或非洲手鼓，可以使观众更加精准地感受到剧作所要传达的民族情感。此外，对方言和口音的巧妙利用也是一种有效的声音设计方式。不同地域的口音和方言对角色的塑造和剧情的推进起到了关键作用，增添了故事的层次感和真实性。

（三）声音中的时代色彩

不同的声音作为具有不同时代特征的反映载体，拥有记录时代风貌的能力。每个时代都有其独特的政治、经济、文化和社会生活特征，这些特征通过声音的方式得到表达和传递。在不同的历史时期，声音内容的性质和形式都受到当时社会环境的影响，带有明显的时代印记。通过声音来重现特定历史时期的社会氛围，可以让人们直观地感受到当时的生活状态和社会面貌。

在影视艺术创作中，声音作为一种重要的艺术表达手段，扮演着重要的角色。为真实反映不同时代的社会现状，创作者常常使用具有时代特色的声音元素。这些声音元素不仅能够还原当时的生活环境，还能够为作品的主题营造一种特定的氛围。通过加入具有历史感的声音效果，比如老式电话铃声、古老的火车汽笛声或是街头小贩的吆喝声，可以让观众更自然地进入那个时代的语境中，增强作品的真实感和代入感。

在纪录片创作中，对声音的设计也尤为关键。纪录片往往追求真实和客观，因此，其声音设计不仅需要反映事件的真实性，还要传递出特定时代的氛围。例如，在表现特定的历史事件时，可以加入真实的历史录音、采访片段或是当时的新闻报道声。这些声音元素能够鲜活地呈现历史现场，增强纪录片的说服力和感染力。此外，不同国家和地区的声音特色也能够展示出丰富的人文景观和社会变迁。例如，在一部关于城市变迁的纪录片中，可以通过不同年代的街头声音变化来展示城市的发展历程，在那些声音中，观众可以听到人群的语言变迁、交通工具的演变以及城市环境的变化等。

四、声音的平衡感

无论是视听作品的声音设计，还是音乐录制和混音，声音的平衡感不仅影响听众的体验，更决定了整个作品的专业水平和艺术价值。本书将从多种角度探讨声音的平衡感，并对其在不同领域的重要性进行详细阐述。

影视作品的声音设计和声音平衡感的实现涉及多方面的工作，从拍摄现场采集声音开始，到后期制作的调音和混音，每一步都需要对声音进行细致处理。声音采集不仅要捕捉演员的语声音色，还要关注环境音和背景音的录制。在拍摄现场，录音师和声音设计团队要确保录制的声音层次分明、清晰可辨，同时避免背景噪声的干扰。为了让不同时间和地点录制的声音在影片中呈现出统一的音质和音量，录音师常常使用专业的设备与技术，例如使用同一型号的麦克风进行录制或者运用高效的降噪技术。

在后期制作过程中，对声音的编辑、音效的添加以及音乐的配合都需要仔细考量。声音剪辑师需要将不同场景录制的声音平滑地衔接起来，确保语音、音效和音乐之间的平衡。同期声的处理尤其关键，这直接影响到观众对角色情感与场景氛围的感受。通过调音师的精准调整，各种声音元素得以协调，从而增强叙事效果和听觉体验。制作过程中，可以使用动态范围压缩和均衡器等调音工具，使声音在不同场景和片段中的变化尽量平滑，避免突兀感。

在音乐录制和混音过程中，声音平衡是一个重点。首先，录音阶段的麦克风选择和摆放至关重要，这将直接影响声音的质量和层次感。录音师会根据不同乐器和声部的特点选择合适的麦克风，并以适当的距离和角度进行拾音，从而捕捉富有细节的音色。为保证不同乐器和声部的音量和音色协调，混音师会在后期处理中运用各种技术手段。例如，通过频谱分析可以了解不同声音在各频段上的分布，便于对各频段进行调整，以收到最佳的听觉效果。混音师还要运用立体声声像技术，安排各乐器在听觉空间中的位置，使整体音乐表现得层次分明、空间感十足。

在广播节目和播客制作中，声音的平衡感对听众的体验有着直接影响。由于广播节目通常在不同环境中收听，对声音的均衡和清晰度要求更高。广播录音师需要在录制时控制话筒的音量，避免过渡响度或混响的出现。在后期制作中，配音、背景音乐和音效的协调尤为重要。通过细致的音频处理，可以确保主持人的声音始终清晰可闻，而背景音乐和音效能够增强节目的氛围，不至于喧宾夺主。

第三章 声音设计的实践基础

第一节 录音场地

录制节目中录音场地的声源质量至关重要，其声学条件的优劣直接关系到节目声源的艺术和技术水准。优秀的录音场地能够充分展现声音的细腻与层次，使得最终的音频作品更加出色。为了更好地了解和优化录音场地设施，可以将其分为专业录音场所和实景场地两大类进行分析与介绍。专业录音场所通常具备完善的声学设计和严密的设备配置，以保证最佳的声源还原效果。而实景场地则需要根据实际环境进行声学处理，以尽量减少外部噪声的干扰，实现高品质的录音效果。

一、专业录音场所

专业录音场所的名称在不同领域及不同用途上有所不同。例如，有用于语言录制的录音室、专门为音乐录制而设的音乐录音棚、专门创造声效的效果录音棚以及用于多轨混音的混录棚。随着现代科技的发展，很多声音工作者开始创建家庭录音工作室或音频制作室。不论是哪种专业录音场所，对设施的要求都是相当严格的。

专业的录音场所能够用于声音录制以及相关声音的处理、调整和润色。这些场所配置了大量专业音频设备，如调音台、均衡器、专业话筒和数字音频工作站等。同时，专业录音场所通常会配备一位音响工程师，或称音频技术员、录音工程师，其职责是在节目制作期间操作这些声音控制装置，以确保录制过程顺利进行。这些专业录音场所的一个重要特点是能够有效隔绝外界噪声的干扰。同时，它们还需按照录音工艺的要求分别进行声学处理，使其具备适合声音录制及创作的声学条件，从而获得完美的录音质量。

具体来说，专业录音场地的一般要求包括场地平整、环境干净，并且空间要足够大且无阻挡物。此外，建筑材料需具有反射和吸声功能，以收到理想的声学效果。照明条件良好、通风顺畅、湿度及温度可调节也是必须具备的基本要求。更为重要的是，这些场所需满足特殊的声学要求，包括隔音、吸声和混响等方面。

（一）隔音

为了在录音制作过程中确保所录制的声音达到尽可能的纯净和音色精准，一般采取双重隔音设计的建筑结构。录音棚作为高品质音频制作的关键场所，其环境要求非常苛刻，尤其是对背景噪声的控制尤为严格。在这个过程中，通过双层隔音结构最大限度地隔绝外界环境噪声以及来自地面或地下的固体传播振动声，是实现高质量录音的关键步骤。

声音在不同介质中的传播速度有所不同，在固体中的传播速度明显快于在空气中的传播速度。这一物理特性使得来自地面或地下的振动声成为对录音棚干扰的主要来源之一。为了有效地衰减这些来自固体的传播振动声，许多高要求的录音棚会采用双重隔音结构。这种结构设计将墙体分成内、外两个部分，通过物理隔离方式阻断振动声的传播路径，使得进入录音棚内部的固体传播振动声减弱到最低程度。

尽管双重隔音构造在减少外界噪声方面具有显著优势，但是建筑结构设计的限制使得隔音值很难达到绝对的极限标准。即使是采用了最先进、最复杂的隔音措施，摄影棚和录音棚内部仍然会存在一定程度的本底噪声。完全消除所有噪声几乎是不可能的，但通过优化建筑设计与材料选择，可以将这部分噪声控制在可接受的范围内，为录音提供更加安静的环境。

在双重隔音结构中，墙体的内部和外部通常采用不同的材料和构造方式，以起到双重屏障的作用。例如，内部墙体可以使用柔性材料或吸声材料，能够有效吸收和减少内部噪声反射。而外部可能采用更为坚固的结构材料，防止外部噪声的直接传入。通过这种内外结合的多层次设计，能够对不同频率、不同来源的噪声和振动声进行更为全面和有效的隔离。此外，在录音棚的地板和天花板的设计中，也会考虑到双重隔音的必要性。地板结构有可能采用浮动地板设计，通过弹性支撑材料隔离噪声和振动传导。天花板则可能通过悬吊吸声板或者隔音棉等材料解决噪声问题。整个录音棚如同一个精密设计的隔音"盒子"，每个部分都需精心处理以确保整体隔音效果。

（二）吸声

由于各种录音场所的体积不同，以及建筑装饰材料的多样性，再加上专业录音场所中存在众多反射界面，因此，为了保持录音场所内声学条件的一致性，需要在墙体上设置各种吸声材料和反射材料。这种处理方式有效改善了录音环境的声学特性。吸声材料可以对特定频率的声音进行吸收，减少不必要的反射和混响，使录音过程中的声音更加纯净和清晰。通过这种方式，声音信号的清晰度和真实感得以提升，避免了由于反射声而导致的声音模糊不清。同时，合理使用吸声材料有助于声场的扩散，这意味着声音可以在录音场所内更均匀地传播，避免出现声音集中或稀疏的情况。由于吸声材料还可以降低环境噪声，有效地提升了录音品质，使音响效果更加专业。

在录音场所内设置反射材料同样重要。这些材料通过控制声音的反射路径，优化录音室内的音质，使声音更加丰满和自然。反射材料能够有效消除长延时反射声，防止在建筑物内部形成回声，保证了录音过程中声音的纯净度。通过反射材料和吸声材料的合理搭配，使录音场所内的声场条件趋于平衡和一致。频率范围的均匀性得到了确保，避免了低频过度反射或高频反射不足的现象。

好的录音棚与摄影棚通常会具备优质的声场条件，这有赖于内部吸声材料和反射材料的科学布局。这种综合处理不仅改善了录音的声学效果，还使得录音棚内的声音频率分布更加均匀，确保录音的高质量输出。在这种环境中，声音的每一个细节都能被清地晰捕捉和还原，不会受到外界噪声和内部回声的干扰。此外，降低噪声和控制混响时间的措施，也使录音师能够更专注于创作过程，而不必担心环境音的影响。

（三）混响

在一个稳定的室内声场环境中，当声源停止发声后，声音的能量并不会立即消失，而是经过多次的反射和散射，持续存在，这种现象被称为"混响现象"。混响现象是一种让我们在声源停息后依然能够听到声音的效应，也是声学研究中的一个重要领域。

混响时间的长短对录音棚和各种录音场所的原始声源音色有着直接影响。过长的混响时间会导致声音变得不清晰，使聆听者难以正确理解声音中的细节，比如在一个混响时间过长的环境中，人们在听演讲或音乐时可能会觉得声音一片模糊，尤其是快速的话语或者复杂的音乐节奏更容易受到不利影响。相反，过短的混响时间虽然能够让声音保持清晰，但也会使声音显得干瘪和不够饱满，缺乏应有的空间感。例如，在混响时间过短的录音棚中录制人声，可能会使声音过于直白，缺少厚重感和自然的回声效果。为了在实际应用中优化混响时间，通常会要求各类建筑的混响时间在保证原始音色的前提下尽量缩短。这种做法的目的是减少混响对声源音色的干扰，更好地保留声音的清晰度和细节。在一些高要求的录音棚和摄影棚内部，混响时间并不是一成不变的，而是可以根据需要进行调节。这种调节主要通过设置不同的声学吸声材料和反射材料来实现。例如，录音棚的墙壁和天花板可以安装专门的吸声板，以减少不必要的反射，使混响时间缩短，更好地控制录音效果。

录音师在制作节目时，通常会根据节目的具体需求选择混响时间合适的录音场所。混响设备的调整也扮演了重要的角色，在不同的节目录制过程中，不同的混响时间可能会对最终音质产生截然不同的影响。举例来说，对于一段需要突出人声清晰度的播报类节目，可能需要选择混响时间较短的录音棚；而对于一段需要突出音乐氛围和空灵效果的演奏类节目，则可能需要稍微长一点的混响时间来增加空间感和环绕效果。

建筑物内固定的混响时间与可调节的录音棚中的混响时间相辅相成，共同为语言、音乐等领域提供了多样的声音表现方式。无论是教堂宏伟的声场还是家庭录音棚的精准调控，混响时间的优化始终是声学设计的重要考量因素。

二、实景场地

现场录音是影视制作中至关重要的一环，其场地的选择和处理直接关系到录音效果的优劣。所谓实景场地，既可能涉及开阔的室外空间，也包括封闭的室内场所。无论是哪种场地，都在录音时面临各自的挑战和问题，因此需要不同的处理和准备。

在室内场地录音时，首先要面临的是隔音、吸声及混响的处理。尽管室内空间相对来说是可控的环境，但并不能忽视潜在的声学问题。例如，隔音材料的选择和布置、混响时间的控制以及回声等问题的解决，都直接影响录音质量。这些细节可能藏在不易察觉的地方，却需要专业人员通过细致的调试和检查来确保没有遗漏。然而，与室内空间相比，外景场地的录音往往会更加复杂和不可预测。飞鸟啼鸣、风吹草动，甚至远处传来的车辆和机械噪声，都会对录音效果产生干扰。而这些干扰声并非全是负面；恰当的环境音效反而能强化现场感和气氛，但前提是这些声音不掩盖主体录音内容。

对外景地进行最初的调查非常重要。声学问题在此阶段往往会预先显现，使录音团队能够提前做出应对方案。适当使用滤波器和调整话筒位置是一种常见的应对手段。比如，便携式调音台所带的低频滤波器能够有效消除低频噪声，使得声音更加清晰。又如，在空旷地带录音时，低频滤波器可以去除大房间或开阔空间中产生的低频混响，从而提高录音质量。

表面材质的不同对声学条件也有影响，如玻璃这样的硬质、光滑材料会反射声波，而柔软的织物材料则能吸声，减少反射和混响。在商场这样的地方进行录音时，如果选择的录音位置面对玻璃窗而背对车水马龙的街道，那么车辆噪声可能通过玻璃的反射干扰录音。解决此类问题的方法有很多种，例如使用强指向性的话筒，或让录音对象背对街道，通过他们的身体来阻挡一部分噪声。因此，巧妙地利用人、物或环境来屏蔽不必要的噪声成了录音团队的基本功之一。

有时候，录音过程中还可能遇到环境噪声的干扰，比如在高速公路旁拍摄花香鸟语的场景，尽管有着自然的鸟鸣声，却可能被不断呼啸而过的汽车声破坏。此类情况下，如果能提前在采景阶段觉察到这些问题，便可以调整录音方案或选择更适合的时间和地点，从而保证录音质量。现代科技在这方面提供了许多技术支持。例如，噪声消除技术和后期音频处理软件可以在一定程度上减小环境噪声的影响，但最佳的解决方案依旧是预防为主。

电缆在录音过程中也有可能产生干扰。距离电发射机过近，音频电缆会受到无线电波的干扰，导致信号噪声。这个时候每一根电缆都好比天线，可能引入电台或微波传送的信号干扰。在改变电缆位置仍无法解决问题的情况下，唯一的办法是将电缆移到干扰源较远的位置或其覆盖范围之外。此外，高电压电子线路、电子变压器和马达的嘈杂声，也可能会对录取的声音信号产生干扰，这就要求现场工作人员尽量让电缆远离这些干扰源。应对这些问题，有时录音团队会使用黑色绝缘胶带缠绕电缆来隔离电子干扰。

环境条件的不可预测性，让外景录音团队必须在拍摄前做好充分调查，以检查外景地的声学条件、设备装置及环境布局等。如果能事先对外景地进行详尽的声学评估和模拟，并根据实际需求合理选择、布置话筒，这样后续录音工作会变得十分顺利。例如，选择适合的佩戴式话筒，或者使演员背对噪声源站立，皆是避免噪声干扰的有效措施。

此外，摄影设备本身也会成为声音干扰源。变焦镜头的马达嗡嗡声、磁带传输装置和视频磁头旋转产生的噪声都会被话筒捕捉。这种情况下，用毯子覆盖摄影机或摄像机、利用身体遮挡设备也是一种临时且常用的解决方案，因为这能明显减少相应噪声。电子设备产生的干扰问题通常难以事先预见，有时只能通过不断尝试不同的防护回应方案来找出最佳解决路径。

第二节　调音设备

节目制作离不开调音设备，而调音台是其中最核心的一环。这种设备的主要功能包括对话筒或其他线路设备传来的电子信号进行综合处理与调整，然后将加工后的声音传输至监听设备或记录设备。通过调音台，可以有效地控制声源信号的质量，从而确保最终输出的音效达到预期标准。调音台不仅能够平衡各声道之间的音量，还可以对不同频段进行调整，以实现最佳的音质效果。此外，在多轨录音或混音时，调音台也能帮助精细化地管理和优化每一条音轨的细节。这使得调音台成为节目制作中的核心设备，无论是在录音室、现场演出还是后期制作上，都是必不可少的一部分。

一、调音台的种类

调音台的种类呈现多样化，根据不同的分类标准可以细分为多个种类。首先，从调音台的尺寸来看，调音台可以分为大型、中型、小型和袖珍型或便携式调音台。大型调音台通常应用于需要处理多路输入信号的大型演出、音乐会、剧场等场合，其具备处理复杂音频信号的能力；中型调音台则适合中型场地，例如校园活动或中小型演出；而小型和便携式调音台则适用于更为灵活和机动的音频处理场合，如户外活动或移动演出。

从信号处理的技术来看，调音台大体可以分为模拟调音台、数字调音台和数控调音台。模拟调音台较为传统，主要依赖物理电路进行信号的处理和修改，音质自然且受资深音响工程师的青睐。数字调音台则采用先进的 DSP 技术，能够进行更为细致和多样的音频处理，且具有存储和调用预设的功能，调音和操作过程更为快捷和准确。数控调音台是指可以通过计算机软件进行控制的调音设备，能够实现更为复杂和智能的音频处理任务，适合与现代数字设备配合使用。

在操作模式上，调音台又可以分为手动式、半自动式和全自动式。手动式调音台靠工程师的手动操作进行调节，适合经验丰富的技术人员。半自动式调音台则结合了自动控制和手动操作的优点，部分功能由程序自动调整，节省了操作时间，同时保留了人工调节的细腻感。而全自动式调音台几乎完全依赖程序和智能控制进行音频调整，适用于自动化程度较高的广播和录音环境。

按输入通道的数量分类，调音台也有多种规格。例如，有 4 路、8 路、12 路、16 路、32 路、48 路甚至更多路的调音台。输入通道的数量直接决定了调音台能够处理的同时音源数量，路数越多，调音台的处理和调节能力也越强，适用于需要同时处理多音源的大型项目。

根据使用目的和场合的不同，调音台可以划分为现场制作调音台、录音调音台、音乐调音台、无线广播调音台、扩声调音台、有线广播调音台等多种类型。

调音台作为音频处理的核心设备，其多样性不仅体现在尺寸和技术上，还体现在适用场合和功能特性的种类上。不同类型的调音台在音频处理领域都扮演了不可替代的角色，满足了不同用户和场景对音质和功能的多样需求。

二、调音台的结构

调音台作为音频处理设备，无论在种类还是规格上都有着多种选择。大多数调音台主要由输入组件、输出组件和主控组件几部分构成，具备多种功能，极大地提升了音频处理和录音工作的效率与效果。具体来说，调音台具有以下几大核心功能。

一是电平调整功能。不同声音信号的强弱各异，通过调音台的电平调整，可以将这些声音信号调至适宜的电平位置，从而确保输出的统一性和听觉体验的平衡。这个功能在录音和现场表演中尤为重要，因为电平的不平衡可能会导致声音失真或者压缩过度，影响最终的音质。

二是频率均衡功能。由于声音信号的频率范围广泛，不同声音的频率分布和特征也有所不同。调音台通过频率均衡可以进行音色修饰处理，实现对声音细节的精准控制。例如，可以提升人声的清晰度，或者增强低音的厚重感，从而实现特定的艺术效果。这一功能对于音乐制作、电影配音和广播都极为重要。

三是信号分配功能。在实际操作中，经常需要将来自不同方向的信号重新分配到新的位置中去。通过调音台，可以将多个音频信号进行合理的路由和分配，从而实现复杂的音频布局和组合。这一功能在多轨道录音和现场音响应用中尤为典型，可以大幅提升工作效率和音频处理的灵活性。

四是信号处理功能。某些情况下，需要将声音信号进行进一步的深加工处理，比如添加效果器、降噪、压缩等处理。调音台通过其导向功能，可以将这些需要进一步处理的声音信号送到外部的信号处理设备中，使之能够获得更加专业和全面的处理。这不仅提高了声音信号的处理能力，也大大拓展了音频处理的创造空间。

五是信号监测功能。通过调音台，可以将处理过的声音信号反馈到扬声器和监听设备上，实时监测和校正音频效果，确保输出的声音质量达到预期标准。这一功能在录音棚、广播室和现场演出中都至关重要，能够帮助音频师发现和修正潜在的问题，从而确保最终呈现的音质和效果。

所有这些功能的集成，使得调音台不仅极大地改善了录音师的工作条件和环境，也使其能够根据不同节目的艺术需求，进行多样化的技术处理，满足不同节目的制作要求。因此，熟悉和掌握调音台的各种基本功能，成为衡量影视录音师专业水平高低的一个重要标准。

（一）输入组件

输入组件负责处理各种来源的声音信号，并且进行相应的电平增益调整。输入组件通常包含输入选择器、增益调整机制和相位调整功能。在音频处理过程中，对话筒信号、外接设备输出的线路信号，以及多轨录音机的还音信号的选择和电平调整是基本的功能。此外，输入部分还具备提供电容式话筒的幻象工作电源的功能，确保电容话筒能够正常工作。

输入组件的另一个重要组成部分是均衡部分。均衡功能主要通过调整声音的各种频率成分，实现对音色的改善和优化。均衡器分为单点和多点两种形式。单点均衡器只有一个厂家设置的固定频率点，使用较为方便，但灵活性不足。多点均衡器则提供了更多的操作弹性，用户可以根据需求选择不同的频率点进行调整。为了在实际使用时操作更加简便，调音台上通常将单点和多点均衡器组合成高频、高中频、中低频和低频四个频段来处理声音信号的音色。这种设计既简化了操作，又提供了细致的音色调控能力。有的大型调音台还配备了高通滤波器、低通滤波器、Q 值和峰谷型选择开关，极大地满足了不同用户对频率处理的需求。

在输入组件中，辅助部分也扮演了关键的角色。辅助部分一般由辅助增益电位器、衰前和衰后开关等组成。其主要功能是将主信号通路上的部分信号馈送到调音台外部的其他信号处理设备中，以便进行进一步的深加工技术处理。这个过程使得音频处理更加精细，并可以实现多样化的音色效果。例如，常见的外部效果处理设备包括混响器、延迟器和压缩器等。通过辅助部分的信号馈送，调音台能够将处理后的信号返回到主信号通路，实现更为复杂的音频效果整合。

通路状态部分则主要负责对经过处理后的声音信号进行送出以及主控监听等功能。它通常由信号声像定位、衰减器推子、单独选听、声道分组和声道哑音等部分构成。信号声像定位可以控制声音在立体声场中的位置，使得声音在左右声道之间的定位更加准确。衰减器推子用于精细控制声音信号的电平，是调节音量的重要工具。单独选听功能能够在处理和混音时，针对某一特定声道进行独立监听，从而精确判断该声道的处理效果。声道分组功能则在多声道混音时，使得处理和调整更加高效。声道哑音部分则是通过静音某些声道，实现快速排除某些信号的作用。

输入组件，还涉及对信号的相位调整，这对于多麦克风录音或复杂的音源设置尤为重要。通过相位调整可以避免由于相位问题导致的声音抵消或干扰现象，确保最终输出的声音清晰且有层次感。

（二）输出组件

输出组件通常被划分为组输出部分和磁带返回部分。其主要功能在于根据输入组件的选择，通过开关控制和分配声音信号的最终去向。输出组件对于已处理过的声音信号起到关键性的输出作用，可以将其发送到其他外部录音设备上。同时，还具备监听声音信号质量的监控功能，确保输出声音的准确性和清晰度。

组输出部分，包括总音量控制（也称主音量控制），负责整体音量的调节，确保所有声音信号在层次上达到平衡，并可以根据具体要求进行调整；此外，还有编组输出的音量控制，用于管理不同音频信号组别的音量，使得多轨音频信号能够有序输出，以匹配录音或直播需求。

耳机监听输出控制则是便于实时监控音频信号的质量，使得在录制过程中能够及时发现和调整可能存在的问题。这部分控制允许用户通过耳机实时听到输出的声音信号，从而对其进行必要的校正和优化。

效果调整控制则涉及对音频信号的进一步修饰和优化，包括但不限于添加混响、均衡器调节以及其他特殊效果。这些效果控制功能旨在提升音质，使得录音作品更加丰富、有层次感，具有更高的专业水准。

（三）主控组件

主控组件在音频调控系统中占据着至关重要的地位，其结构复杂且功能丰富。主控组件通常由辅助主控和立体声主控等部分组成。辅助主控包含与输入组件相同数量的辅助放大器，而立体声主控则包括振荡器、对讲器、演播室监听、调音控制室监听、监听源选择、哑音电路、单独选听以及立体声主推子，并设有一个耳机放大器供监听使用。

其中，信号振荡器的主要功能是为调音台提供一个振荡信号，以便用于各信号通路的调整和测试。常见的振荡信号频率点包括100Hz、1000Hz和10000Hz，这些信号可以输出正弦波、白噪声或粉红噪声。较大型的调音台振荡器还能够提供全频带的振荡信号，为调音工作提供更加精细和多样化的选择。

对讲器在主控组件中的作用是促进演播室和调音控制室之间的联络。这个功能尤为重要，因为在录音或演出过程中，沟通顺畅能够保证工作流程的高效和无缝。此外，对讲器还可以将一些重要的提示信号录制到多轨录音机中，便于后期处理和编辑。

监听源选择、演播室监听与调音控制室监听则是用于选择和调节不同的节目源信号。这些组件可以分别调整监听节目信号的电平大小，以满足不同录音制作的需要。无论是录音师、音响师还是制作人，都可以通过这些控件选择最适合当前工作的试听源，并通过调节音量来获得最佳的监听效果。这不仅提升了工作效率，还改善了整体音质。

立体声主推子的存在显得尤为关键，这一组件提供对整体音量的控制。通过调整立体声主推子，调音师可以对各种输入信号进行综合管理，确保最终输出的音频信号实现预期效果。这个组件在现场演出和录音棚中都被广泛使用，能够有效地帮助工作人员实现对音频信号的精准掌控。

耳机放大器提供的监听功能也是不容忽视的一部分。无论是在录音棚中还是在现场演出中，耳机放大器为音响师和音乐表演者提供了一个清晰、准确的监听环境。这对于实时监测音频信号、调整和优化声音效果都是至关重要的。

哑音电路即所谓的"Mute"功能，允许工作人员在不改变其他设置的情况下暂时关闭某一路或某几路信号通路。这对于处理突发状况或进行静音测试都是一种快速而有效的手段。同样，单独选听功能可以专门选定某一路信号，并暂时屏蔽其他信号，方便工作人员进行针对性的调音和监听。

（四）自动化功能

自动化功能是现代专业大型调音台上的核心优势之一，尤其是在录音工程的缩混状态中的应用更为显著。通过这个功能，录音师能够将已经录制在多轨录音机上的各种声音信号，借助调音台，自动混合成2声道或多声道的声音。其特点在于大幅提升了工作效率和音质效果，成为影视制作和音乐录制中不可或缺的一部分。

自动化功能的设计初衷是为了减轻录音师在混录工作中的繁杂劳动。传统的调音台在进行混录时，需要耗费录音师的大量精力进行手动操作。这包括调节音量、平衡音频频段、添加效果等多种复杂操作。每一条音轨都需要精细调整，操作一次就要全神贯注，如果稍有差池，整段录音可能就需要重新处理。因此,录音师的工作压力与录音录制的复杂程度成正比,随着音乐节目和电影音效的复杂度增加,工作强度也越来越大。自动化功能的引入彻底改变了这种情况。

利用自动化功能,录音师可以事先设定好各种参数,这些参数会被系统记忆和执行。无论是音量变化、声像调节,还是效果器的开闭和调整,所有调音操作都能按照预设轨迹自动进行。这种预设路线可以通过时间轴进行精准控制,确保每一个音符、每一句对白都在最合适的时刻得到最恰当的处理。此外,自动化功能还允许录音师在处理过程中随时进行调整,每一次实时修改都能被系统精确记录,并在后续回放中重现。

在影视制作中,自动化功能不仅提升了录制效率,还显著提高了节目质量。特别是在长达数十分钟的连续音乐节目或多声道立体声电影混录中,自动化功能展现出无与伦比的便利性和优势。例如,在制作一部动作大片的过程中,瞬间变化的音效和背景音乐需要与画面高度一致,自动化功能使得这样的高要求操作成为可能。每一声爆炸、每一次对话都能精确同步,创造出震撼的视听体验。不仅如此,自动化功能同样在音乐专辑制作中发挥着重要作用。现代音乐制作中,音轨数量往往多达几十条甚至上百条,通过自动化功能,录音师可同时控制多条音轨的各种参数,确保最终的混音效果既富有层次感又和谐统一。比如,在一首交响乐作品中,不同乐器声部的音量、均衡、混响等参数都需要精细控制,自动化功能能够实现这些复杂的操作,让最终的作品达到最佳效果。

(五)接口盘

在专业音频工程与录音技术领域中,接口盘作为调音台上的关键部件,扮演着非常重要的角色。接口盘的作用在于它能够有效地实现各种声音信号之间的交换,从而确保调音台与各种外部信号处理设备之间的顺畅连接。这类连接的广泛性和灵活性为音频工程师在录音和制作过程中提供了不可或缺的便利。

调音台通过接口盘的配置,可以实现多种输入输出功能。话筒输入和线路输入通道是接口盘上不可或缺的部分，通过这些接口，录音师能够从各种不同的音源中获取信号，进行处理和混音。接下来，插入送出与插入返回接口则提供了从调音台到外部设备，再返回调音台的路径，使得各种外部效果器、均衡器、压缩器等设备可以被灵活地并入信号链中，对声音进行细致优化。

线路输出接口则确保了处理过的信号能够被成功地输出到其他设备中进行后续加工。这些输出信号可以是最终混音的音轨，也可以是单独的音轨，依赖于具体制作过程中的需求。接口盘上的所有辅助送出及返回接口更是赋予了调音台更多的操控空间，通过辅助通道，可以轻松地将信号发送至监控设备或其他效果处理设备，并将处理后的信号返回到调音台进行进一步处理。

主输出母线的插入送出与插入返回接口也发挥着至关重要的作用。这些接口确保了主输出信号的全程可控性，使得在信号发送到最终输出设备之前，仍可以进行高级别的处理与调整，保障录音作品的高品质。OSC 送出接口同样重要，主要用于将内部仪器生成的测试信号或参考信号发送出来，便于调音台的校准及系统故障诊断等工作。

多轨机的磁带送出和返回接口，满足了现代录音技术对多轨录音和回放的需求。使用这些接口，可以轻松地将多轨录音机的信号传送到调音台，或是将调音台混音后的信号返回到磁带机，便于进行多次录音、编辑及最终混音。

并联接口的存在则为系统的冗余设计与扩展连接提供了方便。这些接口允许多台设备并联连接，从而形成复杂而稳定的录音系统架构，明显提高系统的可靠性和使用灵活度。外部设备的送出和返回接口负责与各种录音和信号处理设备的连接，使得整个音频系统可以根据不同需求，自由地扩展和调整，实现最佳的录音效果。

第三节　记录设备

录音技术是将声音信号通过不同手段记录在传声媒介中，并在需要时将其还原成原始声音的过程。录音这一过程无论是在模拟时代还是数字时代，都对声音的记录和还原有着严格的标准和要求。在数字设备出现之前，声音制作领域中的记录设备被称为"录音机"，而单纯用于播放已记录声音的设备则被称为"还音机"。理想的录音机需要具备存储所有通过监听扬声器所听到的声音的能力，以确保能够准确地将这些声音还原给观众或听众，使其能够尽可能体验到与现场一致的声音效果。

在数字技术尚未普及之前，模拟磁带录音机被广泛认为是记录声音信号的标准设备。这类录音机利用磁带作为传声介质，通过模拟技术记录和保存声音信号。然而，随着科技的不断进步和数字设备的崭露头角，特别是在影视制作领域，声音的记录媒介变得更加多样化，各种数字化设备开始取代传统的模拟设备。如今，录音机这一术语已经不仅仅限于传统的模拟磁带录音机。现代录音机泛指所有能够记录声音并由各种记录媒介构成的设备。这包括数字磁带录音机、磁光盘录音机、数字硬盘录音机以及计算机音频工作站等。这些设备利用数字技术，能够更加精确和高效地记录和还原声音，为音频制作带来了革命性的变化。

一、录音机的种类

录音机的种类可以从多个方面进行分类，每种分类方式皆以其特定的特点和用途为依据。

（一）用途角度

从用途角度来看，录音机可分为专业和民用两大类。专业录音机主要用于录音棚、广播电视、电影制作等高要求的音频环境，需要具备高精度、高保真、抗干扰等特性。而民用录音机则面向日常生活和一般娱乐活动，功能相对简单，易于操作和携带。

（二）磁头结构

录音机可以根据磁头结构划分为单轨、双轨和多轨录音机。单轨录音机通常用于简单的录音任务，如录制讲话或会议记录；双轨和多轨录音机则能同时录制和播放多个音轨，适合进行复杂的音频处理和编辑，特别是在音乐制作和多声道影像配音中具有明显优势。

（三）机器大小

根据机器大小，可以将录音机分为袖珍型、小型、便携型和座机型几类。袖珍型录音机小巧轻便，适合随身携带，常用于采访或突发事件的音频记录。小型录音机稍大一些，但仍具备较好的便携性，广泛应用于新闻报道和现场录音。便携型录音机在体积和功能上居于袖珍型和座机型之间，兼具携带方便和高性能的特点。座机型录音机则体积较大，多为固定使用，功能全面且音质卓越，适合用于专业录音环境。

（四）储存介质

就储存介质的角度而言，录音机的分类也较多。传统的储存介质如光学胶片（35mm）、宽磁片（35mm）、宽带（1/2英寸以上）、窄带（1/4英寸）和盒式带（1/8英寸）等，随着技术的发展，逐渐被更加便捷和高效的介质所取代。如今，微型盒式磁带（DAT和微型卡带）、储存卡（SD卡/CF卡/MMC卡/XD卡/SM卡/记忆棒）以及硬盘等已成为主流。特别是储存卡和硬盘类录音机，凭借其容量大、传输快、可重复使用的优势，广泛应用于各类音频录制场景。

（五）信号处理方式

根据信号处理方式，可以分为模拟式录音机和数字式录音机。模拟式录音机主要通过磁带、磁盘等方式进行信号记录和播放，虽然具有较强的抗干扰能力，但是音质容易受介质老化、机械磨损等因素影响。数字式录音机则通过数字信号存储和处理，具有音质优良、存储稳定、便于编辑和复制的优点，已成为现今录音机的主流。如今，大多数影视节目的声音录制都以数字形式完成，数字录音已成为当今的发展趋势。

数字录音机的种类也不胜枚举，主要包括数字磁带录音机、数字硬盘多轨录音机、数字"闪存"录音机、计算机硬盘录音机、迷你盘录音机、CD 录音机和 DVD 录音机等。这些录音机各具特色，应对不同的录音需求。例如，数字硬盘多轨录音机适合集成多种音频处理功能，适用于复杂音频项目；计算机硬盘录音机则利用计算机强大的存储和运算能力，广泛应用于专业音频制作和编辑。

二、数字录音机的结构

数字录音机的工作原理主要分为三个步骤，核心在于信号的转换与记录。首先，通过模 / 数转换器，将连续的模拟声音信号转变为离散的数字声音信号，这个数字信号通常以二进制的形式存在。这个转换过程至关重要，因为模拟信号在数字化后，能够进行各种形式的记录和处理。接下来，经过适当的调制，数字化的声音信号被记录在特定的记录介质上。这个介质可以是传统的磁带，也可以是现代的存储卡。磁带作为记录媒介在早期的数字录音设备中非常普遍，后来逐渐被容量更大、读取速度更快的存储卡所取代。存储卡不仅可以存储更多的音频数据，还能够更方便地进行数据的复制和传输。在实现声音的记录后，还需要进行还音重放。这一步骤通过数 / 模转换器进行，将存储在记录介质上的数字信号重新转化为模拟信号，并通过输出装置将转换后的声音信号播放出来。这一过程确保了所录音频能够以接近原始声音的形式被重现，达到高保真重放的效果。

数字录音机的结构可以划分为三个主要部分：信号输入部分、声音记录部分以及还音输出部分。

（一）信号输入部分

一般录音设备都会配备信号输入放大器，这是确保录音设备能够捕捉及处理外部音频信号的重要组件。信号输入放大器常见的输入信号源主要包括两类：一类是线路输入信号，另一类是传声器输入信号。

线路输入信号通常是来自外部音频设备的线路电平输出，如 CD 播放器、电脑、音乐混音台等，这些信号的电平较高且具有较好的信噪比。这样的信号输入可以直接传输更稳定、更清晰的音频数据，能够有效减少信号传输中的干扰和噪声。因此，线路输入被广泛应用于各种专业音频设备中，其优势尤为明显。

传声器输入信号则是来自麦克风的拾音。麦克风信号的电平较低，需要经过放大器的前置放大处理才可达到后续处理的标准电平。传声器输入方式对信号的采集灵敏度有较高的要求，因为麦克风拾取的音频信号较弱，很容易受到环境噪声的干扰。因此，传声器输入放大器往往会加入噪声抑制和信号增强功能，以保证最终的音质效果。

值得注意的是，在各种型号的录音设备中，专业的大型座式录音机通常不设置传声器输入部分。这类设备在设计上更倾向于直接对高质量的线路输入信号进行处理，以保证录制音频的高保真度和稳定性。因此，这类设备的信号输入部分主要依赖于线路输入，忽略了对麦克风信号的直接处理能力。这种设计使得大型座式录音机能够在更高的层次上满足专业录音需求，更加适合在录音棚和音乐制作中使用。

（二）声音记录部分

数字录音机通过采样声音信号，再进行模／数转换编码，使得模拟信号转化为二进制的数字信号。在这一过程中，模拟信号被分解成不同的电压波形，这些波形代表不同的声音振幅和频率。通过适当的采样率和量化精度，确保每一个声音细节都能准确记录下来。这些数码编码数据可以被储存在各种数字媒介中，如硬盘、闪存卡、光盘等。

数字录音机的工作原理基于对声音的精确采样和转换。声波撞击麦克风的振膜，振膜的运动产生相应的电信号。此时，模/数转换器介入，将这些连续的模拟电信号转换为一系列离散的数字值，精确地描述原始声音的特征。不同的采样率和分辨率会影响最终记录的音质，通过提高这些参数，可以获得更高的音质和更丰富的细节。转换后的数字信号进入存储阶段，无论是硬盘、闪存卡，还是光盘，都能保障数据的长久保存和便捷读写。同时，数字信号具有高度的可复制性和传输的稳定性，实现了在多种设备之间的无损共享和备份。由此，数字录音机不仅突破了传统模拟记录在音质和保存上的局限，还极大地提升了声音记录的可靠性和灵活性。

（三）还音输出部分

数字录音设备的还音过程是一个将记录在各种数字记录媒介上的二进制编码信号经过数/模转换解码后的复杂过程。首先，设备将这些二进制信号转化为模拟信号。然后，这些模拟信号一方面被放大监听，确保准确无误；另一方面，通过输出端口传递到其他的调音设备、记录设备或者监听设备中。这一步骤中，调音设备会根据具体需求进行进一步的声音处理和优化，与此同时，记录设备可能会再次记录经过处理的声音信号，以备未来使用。此外，监听设备在整个过程中担任着关键的角色，监控和验证每一个还音步骤，以确保声音的质量和准确性都是经过精细控制的。这一系列操作确保了音频信号还原的高保真和专业质量，使得数字录音设备在各类音频工程中都能提供令人满意的表现。

第四节　监听设备

监听设备是一类专门用于监听和监控声音信号的设备，其主要构成包括监听控制室、监听放大器、监听音箱、监听耳机以及监听仪表。

一、监听控制室

监听控制室在现代录音工业和广播业中的地位至关重要，这些设施的功能与设计直接关系到声音信号的质量与节目制作的效果。专业录音棚或转播车的控制室内，配备了完整的调音台、录音设备及周边设备。这些工具为声音工程师提供了极大助力。然而，监听控制室的设计远不止设备的摆放，还涉及空间大小、声场性能及设备安装位置等方面的综合考虑。

空间大小是影响声音信号监听的关键。过大的空间容易导致声音扩散和反射，形成回响效应；过小的空间则可能引发非线性声音失真。因此，控制室空间设计需平衡设备和工作人员的需求，同时保证声波在室内的良好传播和吸收。科学的声学设计，能有效减少不必要的声反射和驻波现象，使声音传播更加准确。声场性能直接决定了声音信号的质量。为了提升声场性能，常会在室内使用各种建筑吸声材料。这些材料能够吸收声波能量，减少回声和噪声，提供纯净的监听环境。

此外，优化房间的形状和结构，以避免声反射和驻波干扰，也属于提升声场性能的重要手段。一个优良的声场环境，能确保声音信号的清晰度和真实感，可以为后期音频处理和混音奠定良好基础。设备的安装位置在监听控制室设计中同样重要。调音台、录音设备及周边设备的布局不仅影响操作的便捷性，还对声场环境有潜在影响。合理的设备摆放能避免电磁干扰和声反射问题，设备高度与角度也需精确调校，以保证声音信号传输和监听的准确性。均衡器是最终提升监听效果的工具，通过调节声音信号的频率响应，使监听设备在不同环境下保持性能一致。结合建筑吸声材料和房间均衡器的使用，即使普通的监听系统也能有所改善，而优秀的监听系统则能更进一步优化，表现更加出色。在不同的监听环境下，制作者得以维持声音节目的质量与一致性。

二、监听放大器

监听放大器，俗称功放，在音响系统中的主要功能是将调音台或录音机传来的电压信号转变为功率信号进行放大，并进一步驱动监听扬声器发声。监听放大器的实际音量由监听控制室的空间大小以及录音师对于监听条件的具体要求来决定。通常情况下，这个音量应被控制在 $85 \sim 88dB$，该数值是根据从录音师的调控位置到扬声器箱的距离测算所得。

从工程角度来看，功放在音源和音箱之间起着桥梁的作用，扮演着音响系统的动力核心的角色。其工作原理可用一种通俗易懂的方式来解释，便是将音源播放的各种声音信号进行放大，以推动音箱发出声音。如果再深入探讨其技术运作，功放其实好比一台电流调制器，它的主要任务是将交流电转化为直流电，随后在音源播放的声音信号的控制下，将不同大小的电流，按不同的频率传输给音箱，从而使音箱发出相应大小、相应频率的声音。

功放的选取在音乐制作和音响系统安装中尤为重要。不同类型的功放以及其所具备的不同特性，都会直接影响最终的音质效果。高质量的功放能够精准还原声音的各个细节，从而确保高保真的音响效果。因此，在选择功放时，不仅需要考虑功放的功率参数，还应考虑其失真度、频率响应和信噪比等技术指标，以实现理想的声音放大效果。

监听放大器在录音和播放中担负的职责同样不容小觑。不同的录音环境和用途决定了监听放大器应具备对应的响应能力，能够适应多样化的录音需求。尤其是在专业录音领域，监听放大器的精确度直接关系到最终的录音质量。高精度的监听放大器能忠实再现声音的原貌，帮助录音师进行更精准的调音和剪辑，提升整个录音作品的品质。

此外，现代监听放大器多采用先进的电子技术，如数字信号处理、开关电源技术等，以提升性能和效率。从传输路径上看，监听放大器还要具备一定的抗干扰能力，以免外界的电磁干扰影响音质。而从结构设计上，功放的散热问题也直接影响其稳定性，完善的散热系统可以延长功放的使用寿命，确保长时间工作的可靠性。

在安装使用方面，监听放大器应根据实际需求进行设计和配置。例如，在较小的监听空间中，可以选择功率较小但音质效果较好的功放，而在大型演出场地或录音室中则需要选用功率更大、性能更稳定的专业功放设备。同时，功放的安装位置及其与扬声器之间的连线长度、是否阻尼匹配等也必须进行精准设计，以确保最佳的音频传输效果。

三、监听音箱

监听音箱主要应用于听音室、录音室等制作音频节目的场所，因其独特的性能而备受推崇。凭借精准的声学表现，监听音箱具备失真小、频响宽且平直、声音成像清晰等特点，能够真实地还原声音的本来面貌，而对信号所做的修饰极少。这些特性使得监听音箱能够忠实地呈现出最原汁原味的声音，甚至包括声音中的瑕疵，如噪声等。

在音频制作中，监听音箱的首要目标是追求最佳的保真度，而非美化音质。因此，它们能够捕捉声音的细微差别，并精准地反映声音的所有层次与细节。这一特性虽使得监听音箱在回放某些声音时可能并不动听，但非常适合录音师的工作需求。录音师需要听到声音的本质，这样才能够准确了解音源的状态与特点，进而对声音进行有效调整与修饰，以实现最终的完美效果。不同于日常使用的消费级音箱，监听音箱在设计和制造过程中对声音的真实性有着更高的要求。其频响范围较宽且平直，目的是确保在播放任何音频时都能提供一个平衡的声音表现，不会过多地强调或压低某些频段。这一特性对于录音师来说尤为重要，因为在混音和后期处理中，只有当每一个细节都能被准确听到，才能进行恰当的调整。

监听音箱的失真小，也是其优势之一。失真会改变声音的原貌，可能会导致将原本不准确的音色传递给听众，从而影响录音师对声音的判断。因此，失真率低的监听音箱，可以最大限度地避免这类问题，让声音尽可能地保持原本的状态。声音成像清晰，是另一个值得强调的特点。监听音箱在播放音频时，可以精确地定位每一个声源的位置，使得录音师能够很清楚地分辨出不同声部的空间关系和层次。这对于那些需要混音和处理音轨的工作至关重要，因为一旦定位不准确，可能会导致整体作品失去层次感和空间感，而这些恰恰是高质量音频作品中不可或缺的要素。

四、监听耳机

监听耳机是一种在专业音频领域中广泛使用的设备，主要用于录音棚、广播和扩声音频工程。根据其应用场景和功能，监听耳机可以进一步划分为几种不同的类型，包括录音棚监听耳机、广播监听耳机和扩声监听耳机。录音棚监听耳机又可细分为同期监听和混录监听两大类。

同期监听耳机主要用于录音时的现场返送，即通过耳机将伴奏音乐、节拍或音乐旋律传送给歌手或演奏者，使他们能够准确地听到节奏和音乐，协调录音过程。为了保证录音质量，同期监听耳机的设计通常采用封闭式或半封闭式，这是因为录音用的电容传声器具有极高的灵敏度，能够捕捉到包括耳机泄漏的声音在内的各种细微声音。在一些高级别的录音棚中，现场监听耳机通常具有较高的品质，能够在保证不漏音的前提下为歌手和演奏者提供清晰的音频反馈。混录监听耳机对于音质的要求则更为苛刻。这类耳机必须能够忠实地还原所有声音，尽量减少音染，并且能够提供接近现场的声音定位。这种高保真的音质效果不仅是混音师在制作过程中所追求的，也是许多音频发烧友所渴望的。正因如此，混录监听耳机也常被称为"发烧耳机"。然而，发烧友所追求的耳机并不一定都适用于专业的监听环境，因为许多所谓的"发烧耳机"在音染或相位特性上可能存在较大的偏差，这会影响特定频段或乐器的还原效果。当然，一些高端的发烧耳机也能够用于录音棚，这通常取决于录音师的个人喜好和具体需求。在技术特性方面，监听耳机主要采用电磁动圈式设计，与音箱相似，耳机的性能指标包括阻抗、频响、灵敏度等。高品质的监听耳机通常要求具有宽频响、高灵敏度、低失真率和优异的瞬态响应能力。这些特性确保耳机能够在各种复杂的音频环境中有着出色的表现，提供清晰、准确的声音还原。此外，监听耳机还需具备较大的承受功率能力，以便在高声压级下仍能保持出色的性能而不失真。

在无线电广播领域，广播监听耳机被广泛应用。由于无线电广播的特殊工作环境，监听耳机需要具备良好的噪声隔离性能和稳定可靠的音质表现。广播主持人和音频工程师通过监听耳机实时监测播出的音频信号，确保节目的声音质量和播出效果。一些广播监听耳机还设计有可调节的佩戴舒适度，以满足长时间工作的需求。扩声监听耳机则主要用于现场扩声系统中。现场演出、演讲或大型活动中，扩声监听耳机帮助音频技术人员实时监控扩声系统的输出，确保声音的均衡和清晰。在复杂的现场音频环境中，这类耳机的稳定性和准确性至关重要。

在细节方面，监听耳机还需关注人耳的佩戴舒适性问题。由于专业音频工作往往需要长时间佩戴耳机，高品质的监听耳机在设计上会考虑到佩戴的舒适性，一般采用柔软的耳垫和可调节的头梁。这些设计不仅能减轻长时间佩戴的疲劳，还能确保耳机与耳朵的完美契合，进一步提高声音的隔离效果和音质表现。此外，监听耳机的材料也是影响其性能和耐久性的重要因素。高品质的监听耳机通常选用优质的材料制成，不仅在音质表现上更加出色，也在使用寿命上更为持久。例如，高级皮革或记忆海绵耳垫能够提供更好的人耳接触感和隔音效果，而坚固的金属或高强度塑料耳机框架则确保了耳机的耐用性和抗压能力。

五、监听仪表

监听仪表是音频设备中不可或缺的关键元器件，无论是在广播级还是非广播级的媒体设备中，都需要一个刻有表示信号强弱标准刻度的音量表。这个音量表的刻度是以分贝（dB）来标识的，通常被称为"音频电平表"。当前，音频设备上使用的音量表主要分为两种，向需要了解音频信号动态变化和对信号电平精确控制的用户提供了必不可少的工具。

音频设备中常见的两种音量表分别是 VU(Volume Unit）表和峰值音量表（Peak Program Meter, PPM），也称 dB 表。VU 表采用指针表示每个声道的音量，是较为传统且被业内广泛认可的技术手段。而峰值音量表则因其对音频信号峰值电平的快速改变反应灵敏且精确迅速，被业界广泛应用。尤其在广播、电视制作等领域，PPM 音量表已经成为确保音频信号传输质量的重要指标。

在现代演播室或录音棚中，大型调音台上常会使用这两种音量指示表中的一种，甚至有时将两者同时使用。通过这些元器件，音频工程师不仅可以监视声音信号的大小和动态变化，还能直观地看各通路之间的混合比例。这对于保证音频作品的质量至关重要。当信号监视系统的红灯亮起时，意味着该路信号的电平还差 3dB 就要达到超负荷状态，需要立即注意该路信号的衰减。峰值表摆动速度快，能够迅速表示出信号的峰值，无论信号的强弱、长短，均能提供正确的读数，其刻度范围通常从 -40dB 或 -30dB 到 +3dB 或 +4dB。VU 表主要用来指示音频信号的有效值，对于连续性信号，其显示效果与峰值表相差不多。然而，对于间断的冲击波形信号，峰值表能快速显示，而 VU 表则可能跟不上其变化，显示偏低。无论选择哪一种音量表，延长设备寿命和确保声音质量的最终目标是不变的。声音信号的动态范围应尽可能保持在 –3dB 至 0dB。若声音超出 0dB（在红色区域），表示其已至过载状态，会影响音质；而录得过低的声音清晰度差，虽然可以放大其音量，但这同时会增大信号中的噪声，不利于最终的音频质量。

随着科技进步，很多音频设备已从模拟转变为数字，电平指示表的形式也因此有所不同。数字音频设备上的电平指示表与传统的模拟音量指示表存在细微的区别，对于校准电平和控制音量时有不同的需求。在数字设备中，信号处理更为精密，对电平的监控也要求更高。因此，使用中需要格外留意电平的动态变化，确保音频信号在各个环节都保持最佳状态，以达到高质量的声音输出。调音台上 VU 表作输入和输出电平检测显示，峰值表适用于录制时动态范围较广的音乐或节目。表盘设计巧妙，反应迅速，不仅在视觉上直观，也在操作过程中精准，进一步保证了音频信号的准确度与细节展现。

一直以来，电平控制和音量调节是广播及音频录制中不可忽视的一个环节，特别是在多通道混音的过程中。通过实际操作和不断优化，音频师得以熟练掌握这些工具，确保每个环节的音频信号能够达到标准，并实现最佳音频效果。随着音频技术的不断发展与进步，音量指示表也在不断革新，为未来的音频控制提供了更加准确和便捷的解决方案。

第五节　周边设备

周边设备，也被称为音频信号处理设备，主要包括两类。第一类是用于改善声音信号在传输过程中信号本身的传输质量，也称信号处理设备，如均衡器、限器、扩展器、延时器和混响器等。这些设备的存在旨在确保音频信号在传输时不会受到过多干扰和失真，提升信号的清晰度和稳定性。均衡器调整不同频段的音量，限器控制信号的最高限幅，扩展器提升低电平信号的动态范围，延时器调整声音信号的时间延迟，混响器则为声音信号增加空间感和深度。第二类是用来改善声音信号在传输过程中设备本身的传输质量，这类设备又被称为信号调整设备，如降噪器、反馈抑制器等。降噪器的功能是减少或消除在音频信号传输过程中由于外部环境和设备产生的噪声，反馈抑制器则用来降低或消除音频信号在传输和扩放过程中出现的反馈现象，从而保证声音信号的纯净度和清晰度。

在周边设备中，通常存在两种不同的信号处理特性。其一是信号的可逆性，即经过处理后的声音信号还能恢复到原有的声音特性。可逆性特点使得在信号处理过程中可以进行保护和还原，如在调节过程中，如果发现效果不佳，能够还原到初始状态，保证音质的灵活性和调整的准确性。其二是信号的不可逆性，这种处理特性则使得经过处理后的声音信号无法恢复到原有的声音特性。不可逆性的信号处理，通常是为了实现特定的效果，比如特定的音质优化或噪声彻底消除，这样的处理方式虽然不可逆，但通常能在特定情境下提供更好的音频体验。

一、均衡器

均衡器是一种用于调整声音频响曲线的机器，较多应用于音乐制作、音响系统和广播设备。均衡器可以分为多点均衡器和单点均衡器两大类，其中多点均衡器因其对声音频段的精细调节能力而备受青睐。

在多点均衡器中，有一种特别的类型被称为图示均衡器。这种均衡器以其控制钮的物理位置连成类似于均衡曲线本身形成的图形而得名。图示均衡器直观易用，经常被用作监听系统中的房间均衡器。其主要功能是对高、中、低等多个频段的声音信号进行补偿，通过对各个频段的调节，使监听环境中的声音更加平衡和自然。一般情况下，房间均衡使用的图示均衡器通常以 1/3 倍频程为标准。在整个频率范围内，从 20Hz 到 20kHz，它们对每个频率点进行均衡处理。通常情况下，这种均衡器有 31 个中心频率点，可以对每个频点进行 ±10 至 ±15dB 的增益调节。这种精细的调节能力使得图示均衡器在音响工程中具有重要的应用价值，能够有效地优化房间声学特性，使声音更加清晰、准确。

除了图示均衡器，另一种多点均衡器被称为选点均衡器。选点均衡器主要应用于调音台上，能够通过改变声音信号中某一特定频率点的电平大小来改善音色。这种均衡器能够精确地调整特定频率范围，使音响效果更具个性化和层次感。在音乐制作中，选点均衡器被广泛应用于人声、乐器等单个声音轨道的优化与调整，为音乐制作人提供了更多的创作空间。

使用专业级别的均衡器可明显地提高音质。专业均衡器通常拥有低噪声、低失真、高输入电平和高输出电平等特点。这些特性确保在均衡过程中不会引入多余的噪声和失真，使得声音信号更加纯净、真实。同时，高输入电平和高输出电平的设计也保证了均衡器在处理高动态范围声音信号时的精准度和稳定性。在实际应用中，均衡器被广泛应用于各种音响系统中，包括家庭影院、直播演出、录音棚等。通过均衡器对声音频响曲线的精细调整，可以改善环境声学特性，提高声音还原的真实感。举例来说，在大型音乐会中，现场环境的声学条件会对音乐的传输造成一定的影响，通过均衡器的调节，可以有效地减少不利因素的干扰，使观众能够享受到高品质的音乐。另外，均衡器在广播设备中的应用也非常重要。在广播过程中，均衡器可以对不同声音信号进行调整，使广播声音更加清晰、饱满。无论是新闻播报还是音乐节目，均衡器都能够提高声音质量，给听众带来更好的收听体验。

二、滤波器

滤波器主要分为两种类型：高通滤波器和低通滤波器。高通滤波器的功能是使频率在低于某个规定点时产生锐利的截止，而高于该规定点的信号则能够顺利通过。反之，低通滤波器则是对高于某一规定点的频率产生锐利的截止，允许低于这个规定点的信号顺利通过。

在设计和应用中，高通滤波器和低通滤波器的截止频率点的斜率通常为 18dB/ 倍频程。这意味着当信号频率比截止频率低或高时，相应的声音信号能够顺利通过，而其他频率的信号则会被阻挡。在具体的声音创作实践中，高通滤波器和低通滤波器通过巧妙的组合，可以构成带通滤波器或带阻滤波器，这两者在不同的创作需求下具有独特的应用价值。

带通滤波器是通过组合高通滤波器和低通滤波器实现的，带通滤波器可以允许特定范围内的频率信号通过，同时对其他频率信号进行切割，从而达到对声音信号的精确处理。同样，通过组合高通滤波器和低通滤波器，还可以组成带阻滤波器，即在特定频率范围内对信号进行阻断，而允许其他频率的信号通过，使声音处理变得更加灵活。此外，当滤波频率点非常接近时，还可以构成陷波滤波器。陷波滤波器专门用于对特定频率的声音进行彻底的滤波，确保这个特定频率的声音信号被完全消除。这种滤波器在解决某些特定频率的噪声问题上非常有效，适用于对音质要求极高的场合，比如高保真音乐制作、电影音效以及广播和电视的声音处理等。

三、延时器

延时器是一种能够在接收到声音信号之后，经过特定时间的延迟再进行输出的音频效果设备。这种设备在音频处理和音乐制作中扮演着重要角色，尤其是在创造独特的声效和增强声音的空间感方面。

延时器的输出时间通常是可以调节的，这使其在不同的应用场景中具有广泛的适应性。通过调节延时时间，可以模拟不同的空间感和声场效果。比如在音乐制作中，可以使用短延时来制造如同室内反射的微回声，也可以使用较长的延时来模拟宽广的空间感，如山谷或洞穴中回荡的声音效果。延时器的这种可调性给创作者提供了极大的自由度，可以对音频进行多种多样的处理和创意发挥。

当延时器与混响器一同使用时，会产生更为复杂和丰富的声音效果。混响器本身是模仿名为混响的自然现象，即声音在空间中反射和散射，听觉上产生的延续效应。延时器与混响器结合，能够让声音在各个方向传播开来，形成层次感更强、空间感更为立体的听觉效果。例如，传统录音棚的录音通常在高度吸声的环境中进行，产生出较短的混响效果。如果对这种原先在强吸声录音棚录制的声音应用延时处理，就可以创造出一种仿佛声音发自山谷深处的听觉体验，带来丰富的回声效果。这不仅提升了录音的空间感，还赋予了声音别具一格的特性。

延时器的应用远不止于此。在舞台表演、广播制作、电影音效设计等领域，延时处理技术也经常被使用。通过对不同延时时间和音频参数的调整，设计师和音响工程师可以在原声基础上创建各种奇妙的声音效果。无论是增强观众的现场体验，还是提升音频作品的艺术价值，延时器都是不可或缺的重要设备。

四、混响器

混响声是指当声源停止发声后依然持续的声音，被认为是原始声音通过一系列反射后产生的综合效果。早期的混响声制作往往依赖于结构各异的拟混响器来实现，较为常见的几种包括弹簧混响器、钢板混响器、金箔混响器、磁带混响器以及管式混响器等。此外，混响室也被广泛应用于人工混响的实现。随着技术的发展，如今的录音制作普遍采用数字混响器来生成所需效果。

对于建筑物中的混响声，房间的表面特性以及建筑物的空间环境对混响时间有着很大影响。房间表面越坚实、越平滑，声音的混响时间就越长。空间越大，早期的反射声路径越长，混响时间也随之延长。使用混响器和延时器能够在不同空间环境下精确地模拟声音的效果。这种方法不仅能修饰声音的音色，如提高声音的丰满度和清晰度，还可以创造声音的群感或回声等特殊效果。

弹簧混响器常被用于电子乐器和吉他放大器中。其工作原理是通过声波使一根或多根弹簧产生振动，再由拾音器拾取这些振动声，进而形成混响效果。这种混响器具有独特的声音特性，能够带来略带颗粒感的混响效果。

钢板混响器则利用一个悬挂的钢板，通过电磁驱动器振动钢板，随后将其转化为声音。这种混响的特征在于其声音的平滑和延展性，广泛应用于经典的录音作品中，用以增强声音的饱满度和空间感。

金箔混响器则使用非常薄的金属箔，通过电驱动器产生振动。这种振动的产生是非常复杂的反射模式，会形成一种十分细腻的混响声质。

磁带混响器利用磁带记录和播放声音信号，通过双重回放实现混响效果。这种混响特点是模拟了声音在真实空间环境中的衰减和扩散，是非常早期且经典的混响制作方式。

管式混响器则借助回声管的方式来产生混响。声波在管中传播，并通过管壁反射生成混响效果。其特点是具有非常自然的声音衰减特性，常用于模拟自然环境的混响。

现代录音技术普遍采用数字混响器，这种设备通过数字信号处理技术实现，能够精确控制混响参数，包括混响时间、衰减特性、早期反射等，最终生成真实且灵活的混响效果。数字混响器不仅简化了混响制作过程，还提供了无限的创造空间，使得录音师和音乐制作人能够自由调整声音效果。

五、压限器

压限器在音频处理中承担着至关重要的角色，其主要功能是自动控制音量，从而确保音频信号在输出时保持稳定的电平。当音频信号的输出电平超过某个预定的电平，这个电平称为阈值（Threshold），此时压限器就会启动，其放大增益随之下降，形成一种负反馈机制。这种情况下，音频信号电平将会被有效地衰减，使得整体声压水平得以控制在一定范围内。

压限器在具体操作中，为实现不同程度的压缩效果，引入了压缩比这一概念。压缩比是指输出信号每增加1dB所需的输入信号电平之比值。当设置为4∶1时，意即输入信号每增加4dB，输出信号才会增加1dB；而当压缩比上升至10∶1或20∶1以上时，即进入了限制阈的工作区域。限制阈通常被设定在压缩阈之上约8dB位置。当信号电平瞬间超过设定的阈值时，压缩信号的顶部会被自动削减，以防止在放大器或录音介质上产生过载失真，这对于保护硬件设备和维护音质尤为重要。

进一步了解压限器的工作机制，还需重点关注其对瞬间信号电平变化的响应速度。由于声音信号的电平是不断变化的，瞬间的电平既有可能高于阈值，也有可能低于这个阈值。基于此，压限器的工作状态是否启动以及启动的速度，均需要基于两个关键时间参数：攻击时间和恢复时间。攻击时间指的是信号电平上升至阈值时所需要的时间，通常以

10dB/ms 为单位表示。恢复时间则是指信号电平恢复至阈值以下时所需要的时间，以 dB/s 为单位表示。例如，假设某音源信号突然增长 10dB，攻击时间设为 5ms/10dB，这意味着压限器将在 5ms 内将信号增益压缩到设定的阈值以下。相反，当音源信号减退至低于阈值电平，则恢复时间的长短决定了压限器的释放速度，确保信号电平平滑过渡，不至于在听感上产生突兀的不连续性。恰当的攻击和恢复时间设置，可以赋予音频信号更为自然流畅的动态变化。

压限器的应用领域广泛，包括录音、广播、现场扩声以及音响工程等，均体现其不可或缺的作用。在录音处理中，通过压限器，可以有效抑制过强的瞬态信号，确保录音的稳定性和平衡性，进而提升整体音质。而在广播领域，通过压限器，可以平衡各个节目的音量差异，保证听众在不同节目之间切换时没有明显的音量突变。此外，现场演出及扩声系统中，压限器的应用更是保障了扩声音响的安全和音质的稳定。

六、扩展器

扩展器是一种在音频处理和声学工程中常用的设备，其工作原理是随着输入电平的减小而增大输出电平，从而实现对声音的动态范围进行调整和优化。在影视节目制作中，扩展器的应用非常广泛，因为它能够有效地增强强声信号的强度，同时使弱声信号更加明显，从而提高整体音频质量。在具体操作过程中，当输入信号的电平值低于设定的起始阈值时，扩展器便开始发挥作用。这一点与压限器的工作原理正好相反，因为压限器是在输入信号电平超过某一设定值后才会对输出信号进行压缩处理。通过这样的动态调节，扩展器可以使声音的动态范围更为宽广，增强了声音的清晰度和层次感。

扩展器的作用在于平衡和提升音频信号的多样性和细节感。对于声音的处理，尤其是在影视节目和音乐制作中，动态范围是至关重要的因素。动态范围过小会导致声音单一乏味，缺乏层次感和立体感。而通过扩展器的处理，强声信号被增强，弱声信号更为明显，整个音频更具感染力和表现力。同时，扩展器也能够有效地减少背景噪声的影响，使主声音信号更为突出和纯净。扩展器除了能够强化声音，还可以用于修正音频信号中的不平衡问题。比如，在录音过程中，背景环境噪声往往会对主声音信号产生干扰，而通过扩展器的使用，可以将这些噪声信号抑制到最低，从而提高音频的纯净度。此外，在广播节目中，扩展器也常被用于增强主持人或嘉宾的声音，使其更加清晰和具有穿透力。

七、噪声门

噪声门是在音频处理和扩展过程中常用的一种工具，其基本原理是通过调整扩展器，让声音信号在有声音时得以通过，而在没有声音信号时关闭输入通道，从而阻止各种低电平噪声的通过。这种方式有效地减少了背景噪声，达到净化音频信号的目的。噪声门的门限电平值和增益降低的程度通常是可以调整的，这使得它在不同的音频环境下具有灵活的适应性。

噪声门的工作原理涉及电平门限的设定。当输入信号的电平高于设定的门限值，噪声门打开，允许通过。当输入信号低于门限值，噪声门关闭，切断通道，这一过程有效地减少了低电平噪声在最终输出音频中的比例。然而，由于音乐和噪声的界限并非完全明确，极微弱的音乐片段可能会被噪声门误识别为噪声，从而被一同切除。这种误切现象在音频加工中特别需要注意，尤其是在处理包含细微音乐片段或背景音的复杂音频信号时。使用噪声门需要谨慎，尤其是在设定门限电平值和增益降低的程度时。门限电平值设定太高，会导致一些音乐信号也被误切除，而设定太低则无法有效阻止噪声通过。增益降低的程度同样需要精确设置，以确保既能有效减少噪声，又能保留尽可能多的有用音频信号。

噪声门的应用场景非常广泛，无论是在录音室还是现场演出中，噪声门都被广泛应用于各种乐器和声乐的处理。例如，在鼓组的录音中，噪声门可以帮助隔离和净化个别鼓垫上的敲打声，避免其他乐器或背景噪声的干扰；在声乐录音中，噪声门能有效抑制麦克风拾取的背景噪声，提升人声的清晰度。

八、降噪器

在录音设备的使用过程中，电气噪声的出现是不可避免的。这些噪声在音频录制中的技术质量上会造成较大影响，因此降噪器成为录音师在影视声音节目制作中的重要工具。使用降噪器的目的是将各种不可避免的噪声降至最低，提升录制音频的纯净度和清晰度。

主要的降噪器分为两大类：Dolby 降噪系统和 dbx 降噪系统。Dolby 降噪系统是由英国杜比实验室注册的商标，中文常称其为"道尔贝"或"杜比"。杜比实验室开发了多种类型的模拟降噪系统，包括 A 型、B 型、C 型和 SR 型。A 型和 SR 型降噪系统的设计主要应用于专业的模拟录音系统，这使得它们在高端录音设备中得到广泛使用。相对而言，B 型和 C 型降噪系统则更多应用于民用商业模拟录音设备，满足一般消费者和爱好者的需求。在具体使用中，Dolby 降噪系统的工作原理是通过压缩和扩展技术来减少噪声。在安静的音频环境下，系统会压缩动态范围，而在高音量部分则会扩大动态范围。通过这种方式，降低了噪声的影响，使录制的音频更加清晰、纯净。Dolby A 型和 SR 型的降噪效果相对优越，因此在专业录音领域受到青睐。而 B 型和 C 型则更加适合家用或商业环境，其设计更便于操作且成本更低。与 Dolby 降噪系统不同，dbx 降噪系统则采用了一种全频段范围内的压缩扩展器的工作机制。dbx 降噪器的降噪量比杜比系统高出约两倍，达到 20 ～ 30dB，因此在效果上具有更高的降噪效率。然而，dbx 降噪器属于单频段降噪系统，因此在某些特殊应用场合可能并不如 Dolby 系统灵活。

这些降噪技术的主要功能是针对磁带本身的噪声问题，这意味着它们不具备消除已录制声音信号中的噪声的能力。换句话说，降噪器在录制过程中发挥关键作用，却无法在后期音频处理阶段对已经存在的噪声进行彻底清除。这也意味着在实际操作中，需要具有专业技巧和经验的录音师来使用降噪器，以在录制阶段尽量减少噪声对音频质量的影响。

九、激励器

激励器作为一种重要的谐波发生设备，主要利用人类心理声学的特性，通过修饰和美化声音信号，从而改善音质和音色，提升声音的穿透力与空间感。运用激励器处理声音信号，可以增加高频谐波成分，进而实现更佳的音质表现。激励器不仅限于高谐波的产生，其具备的低频扩展功能和音乐风格调节功能在现代音乐制作中起到了至关重要的作用。通过这种方式，低频效果得到了明显优化，使音乐表现更富有激情和感染力。

在提升声音的清晰度和可听性方面，激励器表现出了其卓越的优势。这种设备能够使声音更加悦耳动听，有效减少听觉疲劳。尽管激励器所增加的谐波成分仅为 0.5dB 左右，但从听觉效果上却能感受到音量似乎增加了 10dB，音质和响度明显提高。这不仅让声音图像更加立体和生动，还增强了声音的分离度，使得声音定位和层次感都得到了改善。在音频重放方面，激励器也发挥了不可忽视的作用，通过对信号进行高频谐波补偿，解决高频谐波的损失问题。当信号中出现高频噪声时，激励器能通过滤波器将其滤除，再重新构建高音成分，确保音质的重放效果。

激励器在声音处理中的重要性还体现在对重放音质和磁带复制率的提高上。通过微调高频谐波成分，激励器不仅改善了声音的质感和清晰度，还大大提高了实际听觉上的响度感。这种设备的调节过程需要录音师具备敏锐的听觉和音质判别能力，结合主观听音评价来进行精细调整，从而达到最佳的声音表现效果。激励器赋予了声音更多的表现力和细腻度，使得音乐的感染力和表现力得到明显增强。因此，它已成为现代声音处理和音乐制作中一项必不可少的工具，凭借其独特的声音美化技术，让音乐和其他音频内容更加动听和令人愉悦。

第六节　数字音频工作站

随着数字化时代的到来，数字音频技术，尤其是计算机非线性数字音频工作站，已被广泛应用于影视节目的声音艺术创作中。这些技术通过输入模拟或数字的音频信号，并借助计算机的控制，实现了信号的采集、声音剪辑和混音等录音技术制作及艺术加工处理的全流程。计算机数字音频工作站是一种功能强大的数字音频信号录制系统，具备声音节目后期编辑和实时录音功能，同时集成了调音、记录和信号处理三大主要功能。这种先进的工具不仅提高了声音艺术创作的效率和品质，还为录音工程提供了前所未有的灵活性和精确度，从而为相关音频作品带来了更为丰富和生动的声音体验。

一、数字音频工作站的种类

目前，市场上的非线性数字音频工作站根据其主机类型大致可以分为三大类：以苹果机为主机的数字音频工作站、以 PC 机为主机的数字音频工作站和使用专用主机的数字音频工作站。每一种类型都有其独特的操作系统、特点及应用场景。

以苹果机为主机的数字音频工作站采用的是 MacOS 操作系统。软件程序在 MacOS 平台上运行，使其具有较强的扩展性能和功能。可以对音频信号的包络波形进行各种调整和编辑，包括特技加工、虚拟调音台设置、上百条声轨的处理以及视频设备的同步锁定等。这类工作站还具备取消和复原的功能，配置了丰富的音响资料库、多频段实时均衡器、声音压缩/扩展器、移调、变速、倒放和自动对白替换等各种录音工具插件。同时,灵活的外部设备控制系统使其能够与其他厂商生产的数字调音台进行数字对接以及连接高速网络。不过,由于其功能强大且价格昂贵,通常多用于影视声音专业制作领域。

常见的使用苹果机作为主机的数字音频工作站软件主要包括 Pro Tools 和 Soundtrack Pro。Pro Tools 声音集成软件由美国 Digidesign 公司开发生产,包含三大类:Pro Tools HD® Professional Workstations、Pro Tools lETM Personal Studio Systems 和 Pro Tools M-PoweredTM Systems。这些软件与该公司的计算机数字视频工作站 Avid Media Composer 9000 等非线性数字视频软件完全兼容,使音频数据交换变得非常顺畅。Pro Tools 具有直观的窗口界面、快速图解声音波形的编辑方法以及内挂式 DSP 插件,能够使声音编辑处理工作变得非常快捷。例如,在修整声音素材波形时,可使声音的剔除变得非常容易。实时和非实时的两类声音工具插件作为软件模式的附加工具,对声音素材进行从动态处理、音响效果设计到各种艺术处理。Soundtrack Pro 是美国苹果公司开发的 Final Cut Studio 集成软件中的一部分,支持基于 Action 的波形编辑工具、多轨编辑及修补和恢复功能,能够以创意的灵活性对音频进行各种精确的设计和编辑。在突破性的界面中,可进行无损的、采样精确的处理操作。

以 PC 机为主机的数字音频工作站多采用 DOS 操作系统,软件程序可以在 Windows 平台上运行。由于 PC 机的价格相对低廉且性能也在不断改进,所以这类工作站多用于准专业领域的影视节目的声音制作。常见的音频软件包括日本 Sony 公司开发的 Vegas 音频工作站软件、德国 Steinberg 公司开发的 Nuendo 数字音频工作站软件、德国 MAGIX 公司开发的 Samplitude 音频工作站软件以及美国 Adobe 公司开发的 Audition 音频工作站软件。随着 PC 机的普及以及其硬件系统技术架构水平的不断提高,各种专业音频工作站软件也推出了基于 PC 机平台的版本。例如,早期主要开发应用于苹果机的 Digidesign 公司也开发了基于 PC 机为主机的计算机数字音频工作站软件，这些软件系统要求使用 Windows Vista 32 位商业版或旗舰版以及 Windows XP 平台等。

使用专用主机的数字音频工作站则依赖于在专用软件平台上运行的程序。通常采用特殊的文件操作系统对文件进行操作，以适应各种特殊的用途。由于是专门设计，这类主机具有操作简单、容易掌握的特点，尤其适合那些不熟悉计算机操作的使用者。这类工作站具备实时录音、波形显示、均衡、门限、移调、变速、编辑和视频同步锁定等功能。除了 PC 机专用键盘外，还配备了特殊的功能键、转轮及功能提示窗口。这些部件的设置简化了操作过程，使用户在按单一功能键的方式下即可完成指令操作，不但省去了移动鼠标带来的不便，还加快了录音和声音编辑的速度。不过，由于价格较高且通用性不强，这类机型已逐渐被淘汰。目前，这类机型或在 MacOS 平台上运行，或在 Windows 平台上运行。

苹果机和 PC 机作为主机的数字音频工作站代表了市场上主流的选择，而使用专用主机的工作站则由于其特殊化的功能通常只在一些特定的场景中使用。作为一种全面且先进的音频编辑工具，这些工作站不仅仅在专业的音乐制作中发挥了重要作用，也在影视制作、广播电视、游戏音效等多领域中有广泛应用。每一种类型的工作站都有自身的优缺点及适用场景，厂商的选择需要根据具体的项目需求、预算以及技术储备来做出决定。

市场上也有许多其他厂商和软件产品在不断推出创新的数字音频工作站解决方案，这些产品不仅推动了音频编辑技术的进步，也为创作者提供了更多选择。例如，在苹果机平台上的 GarageBand 是一个非常适合初学者使用的自由音频编辑软件，它同样具备基本的录音、编辑和混音功能，并且与 MacOS 无缝集成。虽然功能可能不如行业标准的 Pro Tools 强大，但对于个人创作和小型项目来说已足够使用。

在 PC 平台上，Cubase 是另一款流行的软件，由德国 Steinberg 公司开发。Cubase 以其强大的 MIDI 功能和灵活的音频编辑工具而闻名，适合音乐创作和多轨录音。此外，FL Studio（以前称为 Fruity Loops）也是一款广受欢迎的音频工作站，特别受到电子音乐制作人的青睐。FL Studio 提供了一种直观、易用的界面，搭配强大的音效处理工具和插件，使其成为许多音乐制作人的首选。

专用主机的音频工作站则可能在一些特殊领域继续保持其独特的地位。这些工作站通常在广播电视台、电影录音棚以及大型演出现场中使用。这类工作站由于其稳定性高、功能特殊化，依然在一些高要求的音频处理场景中被采用。例如，Fairlight 和 AMS Neve 生产的系统仍然被一些电视和电影工作室使用。

现如今，随着云计算和网络技术的发展，一些在线的数字音频工作站也在逐渐兴起。例如，Soundtrap 和 BandLab 是两款基于云的音频工作站，允许用户在任何有互联网连接的地方进行音频编辑和协作。这种在线音频工作站不仅消除了传统软件对硬件配置的依赖，也为不同地区的协同创作提供了更多的可能性。

二、数字音频工作站的结构组成

数字音频工作站的硬件结构主要包括计算机主机设备以及一系列特殊的音频处理设备。这些硬件设备可以被归纳为四大部分：主机、存储设备、接口设备和其他附属设备。

（一）主机

数字音频工作站的主机与普通计算机的主机在构造上大致相同，内部装有多种音频和视频卡、信号压缩卡、增强卡、驱动卡等硬件辅助设备，这些硬件通过总线在各功能模块间直接建立数据传输关系。数字音频工作站的主机能够通过增加或更换这些硬件设备来增强功能，使其适应更多、更复杂的音频处理需求。例如，数字或模拟音频信号接口的数量直接影响到可以录制的音轨数量，从而决定了工作站在多声道录音和混音方面的能力。在音频工程和制作中，这些功能增强措施显得尤为重要，因为它们能够提高工作站的处理速度与效率，有效应对更高的音质要求和更复杂的音频文件。

（二）存储设备

存储设备种类繁多，每种设备都有其独特的优势和应用场景。内置固定系统操作硬盘和内存条是计算机内部存储的核心部分，它们确保了系统的正常运行和高速读写性能。另外，可拆卸的外置活动硬盘和硬盘塔提供了更大的存储容量，便于在不同设备之间进行数据传输和备份。

在存储介质方面，磁光盘和数据磁盘作为一种混合介质，能够兼顾磁盘和光盘的优点，为数据存储提供了较高的安全性和耐久性。同时，可擦写光盘和数字磁带在长期存储和数据备份中也表现出色，广泛应用于档案管理和大型数据库的维护。

（三）接口设备

接口设备可以大致分为计算机接口和音频接口两大类。计算机接口主要用于连接各类控制和操作数据的设备，涵盖了从输入到输出的各种功能。此外，还存在一些专门用于视频传输的视频接口，它们被设计用来处理来自或发送到计算机的图像数据。这些接口能够实现高效的数据传输，确保视频信号的正确性和完整性，从而为用户提供流畅的视觉体验。

音频接口则分为模拟和数字两种，应用于输入或输出各种处理或未处理的音频信号。模拟音频接口通常用于连接外部模拟音频设备，例如麦克风、音箱和音频放大器等。这种接口在传输过程中会保留音频信号的原始波形，从而保持声音的真实感和自然度。模拟接口的结构相对简单，广泛应用于各种音频设备中，不论是家庭音响系统还是专业录音设备，都能见到其身影。数字音频接口则采用不同的方式进行音频信号的传输。常见的数字音频接口包括 S/PDIF（Sony/Philips Digital Interface）和 AES/EBU（Audio Engineering Society/European Broadcasting Union）等国际通用标准。这些接口通过将音频信号数字化编码，能够实现无损传输，减少信号在传输过程中的干扰和衰减。此外，数字音频接口还提供更高的传输效率和更稳定的信号质量，特别适合于需要高精度音频信号传输的场合，例如高端音频设备及录音制作环境。

MIDI（Musical Instrument Digital Interface）数字接口格式是用于控制电子乐器的一种标准化数字接口。MIDI 接口不仅用来传输音符、力度和控制指令，还能够发送同步信号，使得多个乐器和音频设备可以相互协调工作。在音乐制作中，MIDI 接口被广泛应用于各种硬件和软件乐器之间的数据交换，通过 MIDI 接口，音乐人可以实现不同设备和计算机之间的紧密配合，大幅提升了创作和表演的效率和灵活性。

（四）其他附属设备

键盘大致可以分为三类：PC 键盘、苹果键盘和专门设计的多功能键盘。其中，多功能键盘常常设计得与调音台面板极为相似，操作起来颇为便捷。音频工作站的功能千差万别，对监视器的需求也因此多样化。一些音频工作站需要同时配备两个监视器，一个用来显示操作界面，便于实时的参数调整和设置；另一个则用来展示节目内容，使得工作更加直观和高效。不同种类的键盘与各类音频工作站的配置相辅相成，共同提高了用户的操作体验。

三、数字音频工作站的主要功能

数字音频工作站提供了电影、电视和广播节目制作所需的全面功能。其实际功能相当于一个集合了计算机、多轨录音机、非线性编辑系统、调音台和效果器等在内的综合性数字音频系统。主要功能包括具有专业标准的音质录音和音频播放，能够实现高品质的录音和播放效果，为音频制作提供了可靠的技术保障。

（一）能达到专业要求的音质录入和声音播放

在音频处理领域中，所谓的专业要求通常涵盖一系列关键技术标准。首先，在模 / 数转换过程中，取样频率应至少达到 44.1kHz。这一频率确保声音信号在数字化时能够充分反映其原始波形的细节。此外，量化比特数必须达到 16 位，这一数值决定了每个取样点的精度，从而直接影响到音频的清晰度和细节表现。

频响范围同样是一个不可忽视的重要参数。理想情况下，频响范围应覆盖从 20Hz 至 20kHz 的频段。这一范围通常被认为是人耳可感知的声音频率区间，涵盖了从低音到高音的完整频谱，以保证音频的丰满和细腻。

除上述参数外，动态范围和信噪比也是衡量音频质量的重要指标。动态范围应接近或超过 90dB，这一标准能够确保音频在最安静和最响亮的部分之间有足够的幅度变化，从而呈现出丰富的层次和细节。信噪比同样需要接近或超过 90dB，这一高标准则是为了减少背景噪声的干扰，使得音频信号更加干净。

（二）录音、放音与合成

数字音频工作站在录音、放音和合成方面的功能与传统多声轨音频制作有许多相似之处，但在许多重要方面，数字音频工作站提供了更加直观和高效的操作体验。与传统多声轨音频制作一样，数字音频工作站能够同时播放多达 N 条音轨。然而，数字音频工作站的独特之处在于录放音过程中不仅可以实时听到声音，还可以在屏幕上看到声音信号波形的动态变化。

这种屏幕显示功能不仅使音频信号变得更直观，更能有效提升操作的准确性和效率。所有的操作界面均可以在同一平面上显示，使得操作者能够一目了然地掌握当前的操作状态。例如，从屏幕上可以看到精确至帧的声音波形，当需要补录时，可以通过观察示波器上的波形来准确地选择入点和出点，从而实现精确的补录。如果需要对某一段声音进行多种形式的录音，数字音频工作站允许进行无损、多层次的录音操作。这意味着能够在同一时间段、同一声轨上进行多次录音，而不会对原音频造成损伤。所有被录制下来的音频段将被系统自动编号并存储，从而在后期制作时能够轻松挑选出最佳的声音资料。此外，数字音频工作站还具备出色的文件管理能力。通过对录制的音频进行自动编号和分类存储，不仅大大降低了文件管理的复杂度，还为后续的编辑和加工提供了极大的便利性。凭借这种高度整合的操作平台，录音师和音频工程师能够更为高效地进行音频素材的录制、编辑和合成工作。

除了上述功能，数字音频工作站提供的实时波形显示和精确到帧的控制能力，使得音频操作过程更加直观和清晰。操作人员可以通过屏幕上显示的音频波形进行精细调控，以确保录音的精确性和完美度。借助数字音频工作站的强大功能，音频制作的每一个环节都得到了大幅优化，从而使整个音频制作过程变得更加顺畅和高效。

（三）先进的剪辑功能

数字音频工作站以其全面、高效和细致的音频剪辑功能而著称，能够精准、快速地对录制的音频素材进行多种操作。这些操作包括删除、静音、复制、移位、拼接（带有淡入淡出效果）、移调、伸缩等，既能提升工作效率，又能确保高质量的输出。在传统录音设备中，由于无法直接看到声音的视觉表现，剪辑过程极为烦琐，需不断倒带、试听，依赖于听觉来确定剪辑点。这不仅耗费大量时间和精力，有时还无法达到精确的剪辑效果，甚至可能导致整个音频片段的损毁。

与此相比，数字音频工作站大大简化了这一过程。在其显示屏上，可以直观地看到音频的波形和其对应的位置，利用视觉和听觉的结合，能够准确找到最佳剪辑点。此外，数字音频工作站还提供剪辑预听功能，这意味着每当进行剪辑操作时，剪辑前即可预先试听剪辑后的效果，从而保证剪辑的精确度和一致性。由于这一特性，数字音频工作站明显提高了音频编辑的效率和准确性，使得音频剪辑变得更加直观和可控。

（四）数字效果处理

数字音频信号处理器提供了众多数字信号处理手段，使得在 PC 机控制下，可以实时完成诸多音频处理任务。这些任务包括调音、实时均衡、声音压扩、声像移动、电平调整、混响、延时、降噪以及变速变调等功能，使得对声音进行时域和频域的处理变得更加便捷。数字音频工作站的控制界面风格和可调参数设置基本与传统设备相似，但某些处理方式是传统设备无法实现的。基于各种音频处理在不同领域的主要作用，音频处理（信号处理）可以分为以下几类。

1. 与电平相关的处理

这类处理手段包括电平标准化、增益、音量线、噪声门、降噪、压缩器、限器、噪声降噪器、扩展器等。例如，电平标准化可以确保录制或播放的音频信号达到一个统一的音量标准；增益控制则可以调整信号的强度；而噪声门和降噪技术可以有效地去除录音中的背景噪声，提升声音清晰度。压缩器和限器的作用则在于控制音频信号的动态范围，使得声音更为平衡和柔和。此外，噪声降噪器和扩展器则能够进一步优化音质，去除多余的噪声，同时保留声音的自然细节。

2. 与频域相关的处理

包括均衡和滤波等手段。在频域处理方面，均衡器能够调整不同频段的音量，改善音质；滤波器则可以通过剪切高频或低频信号，去除不必要的频率成分，从而得到更加纯净的声音效果。频域处理在音频制作与后期处理中起着至关重要的作用，能够明显提高音频质量和听感。

3. 与时域相关的处理

这些处理手段包括混响器、回声效果、音调转换器与次谐波合成器等。混响器能够为声音添加空间感和深度，使得声音听起来更加自然和生动；回声效果可以增加声音的层次感和立体感；音调转换器能够调整声音的音高，使得声音具有变化多样的表现力；次谐波合成器则能够增强低频效果，使得声音更加饱满和有力。

4. 其他特殊处理手段

如声像调节和变调。声像调节可以调整声音在立体声场中的位置，使得声音听起来更具空间感和方向感；变调则能够在不改变音高的情况下调整声音的速度，或者在不改变速度的情况下调整音高，使得声音创作和调整更加灵活。

第七节 连接设备

传输电缆和转接头是连接设备的重要组成部分。在进行录音时，经常会因为这些连接设备的故障导致录音设备之间出现接触不良或者传输噪声的问题。

一、传输电缆

在音频信号的传输过程中，通常选用带屏蔽层的二芯或三芯音频平衡传输电缆。选择这种电缆的主要原因在于其具有一系列优越的特性，包括足够的机械强度和抗弯曲能力、较强的导电能力和低电阻，以及出色的抗干扰能力。这些特性共同确保了音频信号在传输过程中能够保持高质量，不被外界干扰所影响。

特别是在多轨录音机的音频传输中，常用的是多芯音频电缆。多芯音频电缆的优势在于能够同时传输多个音频信号，从而在录音过程中提供更高的灵活性和可靠性。然而，在实际连接这些音频电缆时，需要注意一些关键细节。最重要的一点是要确保引线号码一致，以免在传输信号时出现错误。其次，需要严格检查是否存在短路或虚焊等现象，因为任何微小的接触不良都有可能导致信号失真或丢失，严重影响音频质量。

屏蔽线的焊接也是不可忽视的环节。妥善焊接的屏蔽线不仅能有效防止外界电磁干扰进入音频信号路径，还有助于提高整体信号的清晰度和纯净度。在焊接屏蔽线时，尤其要注意实现一点接地的原则。一点接地可以避免形成不必要的信号回路，从而防止感应出来的调制噪声影响音频信号的传输。这一点在音频工程中至关重要，因为任何多余的噪声都会对最终的音频输出产生负面影响。

二、转接头

音频领域中，各种设备往往需要使用大量的转接头。掌握这些转接头的名称和应用领域十分重要，因为在实际操作中，这些转接头之间的连接非常频繁。首先要做的一项具体工作就是指定转接头的类型，同时要明确它们的用途。在专业应用中，连接声源的转接头，例如连接传声器输出端的转接头，通常会使用卡侬公头，而接收信号的转接头则一般使用卡侬母头。通过这种方式，转接头可以直接表示信号的传输方向。

转接头主要可以分为以下几种类型：①卡侬插头，又称 XLR 插头；② TRS 插头，有单声道和立体声两种类型；③莲花插头，又称 RCA 插头。随着个人电脑音乐制作领域的发展，转接插口的种类也变得越来越多。在非专业应用中，常常使用高保真连接器。这些连接器通常在一般线缆的两端使用公转接头，而在设备机箱上的转接口则使用母转接头。然而，需要注意的是，通过转接头无法辨别信号的方向。

随着技术的发展，特别是在个人电脑音乐制作的推动下，转接口的种类和应用越来越多样化。例如，USB 和雷电转接头进一步扩展了音频设备的连接选择，它们具备更高的数据传输速度和更强的兼容性。对于现代音频工作者来说，了解这些新型转接头及其应用很有必要。高保真连接器在非专业应用中的普及性较高，目的是保证音频信号的高质量传输。在这些应用中，一般线缆的两端使用公转接头，使用户可以轻松连接各种设备；而设备机箱上的转接口则使用母转接头，以确保连接的稳定性和持久性。然而需要强调的是，通过这些转接头本身并不能辨别信号的传输方向，因此在使用过程中必须格外小心，以确保信号的正确传输。

第四章　声音设计前期的工作准备

第一节　声音设计构思

　　声音设计的构思是声音设计过程中不可或缺的步骤。每一个声音设计项目前期的思考、规划和创意凝练，都是后面整个制作环节的基石。一个成功的声音设计不单纯是技术上的实现，还需要在前期的构思上有深入的理念和详细的规划。

　　在开始具体的声音设计构思之前，首先需要了解项目的整体背景和需求。无论是影片、舞台剧、游戏还是其他媒介形式，声音设计都必须紧紧围绕项目的核心主题和内容展开。因此，与导演和其他创意团队的沟通显得尤为重要。通过与导演的深入交流，了解其对情感表达、剧情推动、氛围营造等方面的具体要求，才能形成符合项目特质的声音设计方案。例如，在讨论一部惊悚影片时，导演可能会希望通过耳语声、心跳声等细节来增强紧张感，这些想法都需要声音设计师与导演深入交流后整理出来，具体交流过程如下。

一、阅读剧本："听"出剧本中的声音

在声音设计的过程中，具备高度的艺术敏感度和对剧本的深刻理解是必不可少的。这种声音设计的构思始于对剧本的阅读，因为剧本是声音创作者进行声音艺术构思和技术把握的首要依据。剧本中包含的信息，如影片的主题风格、人物设定、故事情节、年代和地域特征，都是声音设计师在构建声音模型时需要参考的重要内容。在影片开拍之前，声音创作者应当静下心来认真阅读剧本，并在阅读时标注和记录下有关声音的关键词和想法，从而在脑海中构建出影片声音的初步模型。这不仅对同期录音方案的制订有益，而且对于后期声音的设计构思亦有重要的参考价值。除了剧本中明确的人物对白外，还有几类声音应当被"听"到。

（一）剧本中提示的画外音

剧本中提示的画外音是其中一种需要特别关注的声音类型。画外音通常在剧本中会有明确的提示，如旁白、独白等。这些提示需要在阅读剧本时被注意和标记，并考虑其录制方案。例如，在一部纪录片《地球之声》中，叙述者讲述某一自然景观的形成过程："数百万年前，海洋开始退却，山峦逐渐显露，这片土地开始披上绿色的植物。"这段画外音无须在现场录制，而应提前物色合适的配音演员，在后期进行单独录制。而在一些直接参与叙事的画外音，如游戏《巫师3：狂猎》中，游戏角色在背景解说中插入的剧情介绍和任务指引，则需要在录音时同步进行录制，以确保声音与情节的实时同步。

（二）剧本中提示的与人物动作及物体相关的声音

这些声音在影视作品中占据着重要的位置，因为它们有助于塑造画面的空间感和真实感。剧本中通常会对此类声音进行较为具体的描述。例如，在影片《盗梦空间》中，一个关键镜头描述了角色进入梦境时的情景："电梯门缓缓打开，金属摩擦声在寂静中尤为刺耳。"这些关键词提示了在同期录制阶段应当注意的声音。一些人认为，同期录制只需要

将对白录制清楚即可，其他声音可以通过后期制作完成。然而，这种态度显然不够严谨。在同期录制中获取的声音由于其处在故事发生的独特情境中，其真实感和现场感往往强于后期制作的效果声。因此，即使在现场由于种种因素无法获得完美的声音效果，也必须认真拾取这些声音，以供后期制作和拟音时参考。

（三）剧本中提示的与环境相关的声音

这些声音通常出现在剧本中每一场戏的标题当中，包含外景或内景、场地（可能包含时代信息）和时间。例如，在纪录片《冰封星球》中，"北极，极夜，外景——冰原上寒风凛冽，白熊在雪地中漫步"。这里给出了故事发生的环境，通过这些环境的描述，可以初步构建出这场戏中可能存在的声音元素，如寒风的呼啸、雪地的脚步声、远处冰块碰撞的声音等。在实际操作中，还需要结合视觉元素进行详细设计，比如拍摄具体场景时可能存在的现场声音，通过这些声音构建出真实的音频环境。

（四）剧本中设计的过渡和转场声音

一个好的剧本往往会让声音成为叙事的工具，承担过渡、转场等功能。在游戏《荒野大镖客：救赎2》中，可以看到设计上如何通过声音完成场景之间的转换。例如，从城镇的喧嚣转到荒野的寂静，通过驿站出现的马车声音与野外静谧的自然音效无缝衔接，完成场景的自然过渡。对于声音创作者而言，在阅读此类剧本时，需要从这些提示中体会编剧的用意，并仔细设计声音细节，以实现流畅的叙事。

阅读分析剧本和声音设计的过程，是确定声音设计风格和重点的第一步。通过对故事背景、人物性格和情节发展的理解，声音设计师可以勾画出声音设计的整体构思。例如，一部关于海洋生物的探索影片，可能需要通过悠扬的背景配乐、细腻的解说声和海洋环境音来营造神秘而广袤的氛围。而在一部未来科技题材的科幻游戏《质量效应》中，需要通过夸张的声效和创新的音响元素，形成一种具有未来科技感的独特氛围。这就要求声音设计师在阅读剧本时，不仅要关注文字层面的描述，还要预想声音层面的表达。除了剧本本身，还需要从导演和创意团队获取更多的美术稿、场景设计图和分镜头脚本等资料。通过这些视觉素材，声音设计师可以更准确地把握影片或游戏的美学风格和逻辑结构，从而在脑海中形成初步的声音画面。例如，在纪录片《深海探索》中，一个场景设定在深海海底，声音设计师需要构思出包括海底生物的活动声音、潜艇的机械声、深海压力的背景声音等元素，以确保声音和画面完美契合。

构思是一个富有创意且不断反复调整的过程。为了将脑海中的声音画面清晰地表达出来，声音设计师可以使用一些构思工具和方法。声音板是一种直观且实用的工具，类似于视觉设计中的故事板，通过图表和文字记录下每个场景中计划使用的声音元素及其效果。例如，一个纪录片的声音板可以详细记录每个拍摄场景中可能出现的自然环境音、解说音和背景音乐等。声音预览也是一个必要的步骤。通过制作简短的声音样本或使用音效库中的现成音效进行预览，可以实际感受声音设计的效果，并进行相应的调整。例如，在为一部纪录片《野生大猫》制作一段狮群打斗的声音预览时，通过加入狮子的吼叫声、爪击声、奔跑脚步声等元素，并观察这些声效之间的配合和叠加效果，确保最终的设计能营造出血腥且震撼的氛围。

音频风格图是声音设计师常用的一种工具。通过将不同的声音元素按照特定的风格进行分类和整理，可以更好地规划整个项目的声音风格。例如，在纪录片《都市森林》中，可以通过音频风格图确定某些关键场景需要使用的主要声音元素，以及这些声音的具体效果和表现方式，以确保声音风格的一致性和连贯性。

开头与创意来源是声音设计构思中的重要部分，但也不能忽视实际的技术和实现手段。除了构思声音效果，还需要考虑通过具体的录音设备和技术手段来实现这些效果。例如，在纪录片《冰天雪地》的一段雪崩场景中，声音设计师不仅要构思出雪崩的轰鸣声，还需要结合实际的设备选择和录音环境，确保录制到真实且具有震撼力的声音效果。

在声音设计的过程中，剧本提供了一个整体的大纲和主线，而视觉素材和导演的创意则为声音设计注入了具体的细节和方向。通过综合这些信息，声音设计师可以在脑海中绘制出一个声音构思的蓝图，并通过接下来的录制和后期制作，将这些构思转化为真实的声音效果。如此一来，无论是纪录片、电子游戏还是影视剧，都能通过精巧的声音设计，呈现出丰富多彩的视听体验。

二、声音设计阐述

在详细阅读剧本后，声音创作人员需要了解导演和编剧等主创人员的阐述及创作意图，基于这些信息初步形成自身的声音设计构想。为了确保设计思路的完善，需要通过不断地讨论和协商，最终写出完整的声音设计阐述。声音设计阐述通常涉及两个主要方面：其一是声音艺术创作的设计，涵盖如何利用声音提升影片的艺术表现力，创造出独特的视听体验；其二是声音技术制作的设计，主要关注如何有效地实现计划中的声音效果、技术层面上的具体操作方法和实现手段。

（一）声音艺术创作的设计

电影声音艺术创作的设计需结合影片主题、内容及其艺术风格，细致构思每一场戏和每一个段落的声音构成和风格配置。声音设计在表现叙事内容时，不仅要考虑配乐的必要性，还需明确配乐的风格，如古典、电子、民族等。除了配乐以外，还需协同规划其他声效的配置，例如自然环境的背景音、人声对白、物品碰撞声等。需要突出或弱化的声音元素应在整体设计中明确，把握重点，以确保声音与画面的协调性。

在处理声画关系时，应注意声音与画面的互动性、同步性和对比性。针对某些特定叙事段落，例如高潮部分或情感戏，通过声音的强化能有效地推动情节发展，增强观众的情绪共鸣。此外，需开展多次实验，通过不同声音组合的实验，确定最佳的声音效果。艺术创作部分的声音设计应结合叙事需求和观众的听觉期待，注重声音的层次感、空间感以及节奏感，为影片赋予独特的听觉体验。

（二）声音技术制作的设计

声音技术制作的设计应根据整部影片的艺术构思以及资金预算等现实条件，系统性规划录音工艺的选用。录音工艺主要分为先期录音、同期录音和后期录音三部分。先期录音主要处理在后期制作中需要特别设计和强化的背景音效和音乐，特别是某些特定场景的背景音模拟。同期录音在实际拍摄中完成，注重现场环境音的收录和人声对白的高质量录音，需要高度的同步技术和现场录音设备。后期录音则重点处理音效整合和声音修饰，确保与画面的同步性和音质的统一。

在录音设备的选购或租赁方面，需根据预算规划采购方案，包括麦克风、音频接口、录音机等专业设备。此外，录音团队的人员配置也至关重要，需配备专业的录音师、混音师、音效设计师等，并明确其分工和职责。初步录音方案需基于对影片的深入理解，制定详细的录音流程和实施步骤，并考虑到可能遇到的问题和相应的应对措施，例如异响的干扰、设备故障等。

撰写声音设计阐述的目的在于为录音实践提供科学和系统的指导，为影片声音的整体创作提供一个清晰的思路。这个文档作为指导性文件，在同期拍摄和后期制作中需不断完善和调整。声音的构思和录制方案应在实践中不断校正和优化，确保影片声音效果的最佳呈现。

第二节　技术与人员筹备

准备影片的声音设计和录制计划取得了一定成果后，接下来将进入实质性的筹备阶段，即技术装备阶段。在这一阶段的工作中，需要根据声音设计阐述和导演的要求，逐一落实各种同期和后期录音所需的场地条件和技术设备。

一、勘查场地

在记录作品的声学环境时，选择拍摄场地尤为重要。作为同期录音工作的重要环节，拍摄地点的种类主要包括实景场地（室内、室外）和摄影棚。在作品的前期筹备阶段，美术组通常会在一场戏中给出多个地点选择，并提供相关照片或录像供导演、摄影、美工和录音部门观看。经过多次讨论，由制片部门陪同各部门负责人到拍摄地进行实地考察，并最终确定拍摄地点。

在勘景过程中，录音师必须仔细分析现场的声学问题并分场景记录相关信息，同时提出录音方面的建议。同期录音对于拍摄场地的声场环境有着极高的要求，任何噪声和干扰都可能对录音质量产生不利影响。因此，在选定一个理想的拍摄场地时，确保声学环境达到要求至关重要。

在进行声学环境考察时，有两个主要问题需要格外注意。

（一）噪声问题

在同期录音工作中，面对的最大挑战常常是难以完全控制的声音干扰。与影像拍摄不同，镜头可以将不希望出现的元素排除在画面之外，而声音无法被如此简单地隔绝。无论任何声响，只要在录音区域内发出，都会被悉数记录下来，造成相当程度的困扰。因此，若要获取清晰、干净的同期声，必须尽一切可能将录音环境远离噪声源。在进行场地勘查时，应特别注意以下几个方面。

1. 检查拍摄场地距离主干道的远近

主干道的车辆来往频繁，噪声污染严重，这会影响录音质量。同时，也需了解场地周围是否有轻轨、铁路或飞机航线。这些都会带来间歇性但不可忽视的噪声。同样，周围若有建筑工程（无论是大型工地或室内装修）、工厂及学校等噪声源密集的场所，务必了解其施工工期和作息规律，预估在拍摄时段内可能产生的噪声情况，从而采取预防性措施。

2. 检查周围设备

需要仔细检查周围是否存在大型空调、排风系统、广播音响、锅炉供暖系统等噪声设备。这些设备常常在运行时产生持续的机械噪声，如果可以提前与相关方面协调，拍摄时暂时关闭这些设备，将大幅提高录音质量。

3. 检查自然界的声音

自然界的声音也不可忽略，例如虫鸣鸟叫。虽然这些声音在环境音中占较小比例，但在特定拍摄季节，它们可能出现得更频繁。因此，对实际拍摄季节的虫鸟活动状态需有充分的预估。勘查场地时，可以通过仔细聆听和记录当季虫鸟叫声频率与音量，以评估对录音的影响。

4. 检查剧组自带设备

剧组自带的设备也可能成为噪声源，尤为突出的为发电车。发电车通常在监制大型户外拍摄时所用，但其运转时会产生明显的噪声。故在勘查场地时，需详细考察发电车的停放位置，尽量使噪声源远离录音区域。同时，通过设备隔音、使用延长电缆将发电车安置到更远的地方，也有助于减小噪声干扰。

总体而言，在场地勘查时，录音师需要以高度敏感的听觉发现所有潜在的噪声问题，并找到解决办法。这项前期工作的重要性无可取代，越早发现噪声问题，对后续拍摄越有利，避免在正式拍摄时因为无法应对突发的噪声干扰而影响进度和品质。

然而，由于种种原因，部分存在噪声问题的场地可能最终仍需确定为拍摄地点。这时，就需要充分利用专业技能和经验判断这些噪声是否可以通过后期技术手段来消除。可以考虑在勘查时，录制一些环境噪声，然后在混音棚的监控条件下进行预处理和实验。在普通情况下，频率分布较稳定的声音较容易在后期制作中用技术手段消除。如果经过反复尝试仍无法将噪声完全消除，就需要考虑采用后期配音的方案，以确保最终音质的纯净和记录的准确。

（二）混响问题

在影视制作及录音领域，声音的质量至关重要，而混响在其中扮演着重要角色。混响是声音遇到障碍物发生反射所导致的结果，使得声音在空间内产生多次反射与叠加。适量的混响可以增加声音的真实感和自然感，为听众提供更为丰富的听觉体验。然而，过多的混响则会模糊声音的细节，尤其是台词的清晰度，从而对同期录音产生负面影响。因此，混响的控制成为录音师在拍摄场地勘查时需要关注的重点之一。

为了获得最佳的同期声效果，录音师在勘查场地时，需要首先对拍摄场地的混响状况做出评估。最常见而有效的方法是拍手，通过直接聆听房间内的声音反射情况来判断混响的程度。从而有助于录音师选择适当的传声器类型。例如，在混响比较明显的房间，可能需要使用指向性较强的传声器，以减少环境声音的干扰。此外，录音师还需决定是否需要带入吸声材料以及如何铺设吸声材料，以减弱不必要的混响。例如，地毯、厚重窗帘、吸音板等，都可以有效吸收声音，减少混响的干扰。

在拍摄现场，对同期录音产生干扰的因素不仅仅是混响。环境声音、设备噪声以及人员走动等都可能影响录音的质量。因此，录音师在勘查场地时考虑得越细致、越全面，就越能够在拍摄过程中有条不紊地进行录音。当确定了混响的控制方案后，录音师还需与其他部门进行协调，如灯光、布景等，以确保吸声材料的铺设不影响整体拍摄效果。

二、选演员

在影视、游戏及纪录片制作过程中，声音的设计和选择同样重要。挑选合适的演员，特别是具备出色声音条件的演员，对于最终作品的艺术表现和观众的感受至关重要。选择演员不仅仅取决于外貌和表演技巧，声音特征同样是一个至关重要的考量因素。

导演在确定演员的过程中，会参考形象气质、专业能力和市场号召力，录音师作为重要的声音专家，也应参与其中，从声音的角度提出专业建议。对于专业演员，通常经过专业训练，台词功底和音控能力较强。然而，对于非专业或业余演员，可能会遇到发声不清晰、音量控制不当等问题。因此，在拍摄或录制前了解演员的声音特点，并给予必需的指导，对于录音工作的顺利进行有极大帮助。

演员的声音条件需符合角色的要求，这是塑造角色的重要一环。选择演员时，应特别关注其声音条件。有时，演员的声音特点与角色需求存在差距。例如，需要扮演柔弱、楚楚可怜的女性角色的演员，声音却低沉沙哑，难以传达角色的细腻情感。或者，一位带重港台口音的演员，需要扮演一个说流利陕北方言的角色，这都会给角色的可信度造成影响。在这种情况下，录音师应与导演讨论，决定是否坚持使用该演员，或者通过后期配音予以解决。

优秀的声音设计可以极大地增强作品的戏剧张力和叙事效果。电影《飞越疯人院》中就巧妙运用了这一点。影片中，各角色的声音特征鲜明，麦克·墨菲的高辨识度嗓音、契士威克的高音尖叫、哈定的中音浑厚、酋长的低音沉稳以及比利的口吃，这些细腻的设计为角色赋予了更丰富的层次感和生命力。

声音在艺术作品中的作用已不能简单地归结为辅助或装饰，它是塑造角色、推动剧情、构建氛围的重要元素。在一部声音设计出色的作品中，观众甚至可以闭上眼睛，通过声音想象出整个场景。挑选具备合适声音条件的演员，是导演、录音师和整个制作团队共同的使命。通过对声音的精准把控，每一个角色都可以从声音中获得灵魂，每一个场景都可以通过声音传递情感，使作品更加生动、真实。

三、决定录音方式

录音师在确定同期录音的方式时，需要根据作品的类型、摄制规模以及放映终端媒介等因素进行选择。依据声画记录的不同方式，同期录音可以划分为单系统录音和双系统录音两种方式。

　　单系统录音是一种将画面和声音同时记录在同一载体上的录音方式，也就是说，声音和画面在这种方式下是完全同步的。单系统录音有两种设备连接方式，如图 4-1 所示。图 4-1（a）展示了将传声器（包括挑杆和无线话筒）直接连接到摄影机上的方式。这种方式有一定的局限性，因为它无法实时调整录音电平，声音信号的大小完全依赖于拍摄前的调试和拍摄过程中对话筒杆的控制。此外，这种连接方式不可避免地会受到摄影机内置话放所带来的底噪影响，从而无法保证声音质量。

　　另一种单系统录音的方式如图 4-1（b）所示，是将传声器连接到调音台，然后再连接到摄影机。通过这种方式，可以先将调音台与摄影机的电平进行校准，并通过调音台上的电平控制旋钮对录音电平进行实时调整。这种连接方式不但能实现实时的录音电平调整，而且调音台内置的话放质量通常优于摄影机的话放质量，从而能够提高整体声音质量。然而，摄影机在这种连接方式下需具备线路输入功能，才能接收高电平信号。某些摄影机（如 Red 系列摄影机）只设计了话筒输入功能，只能接收低电平信号，因此需要特别注意将调音台输出的信号选择为传声器电平输出。否则，即使将摄影机的输入增益调到最小，声音依然容易失真。

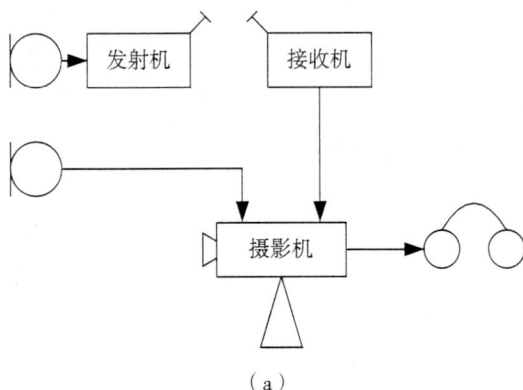

（a）

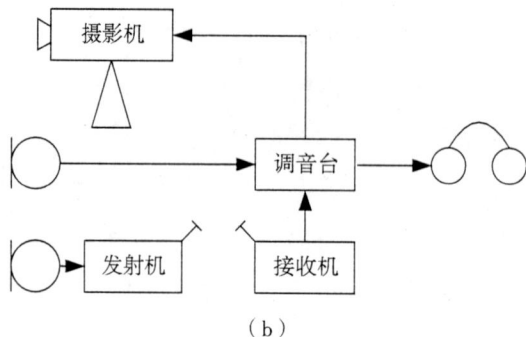

（b）

图 4-1　单系统设备连接示意图

通过上述两种单系统录音方式的对比，可以发现，直接连接传声器和摄影机的方式虽然简单，但在操作和声音质量上都有较大的限制；通过调音台连接摄影机的方式虽然复杂一些，但在声音质量和电平控制方面显然具有更大优势。

双系统录音是一种将画面和声音分别记录在不同载体上的录音方式。具体而言，画面由摄影机记录，而声音则由专业录音机进行记录。如图4-2 所示，双系统录音有两种设备连接方式。在图 4-2（a）中，传声器连接至录音机（或调音—录音一体机）及摄影机，声音记录在录音机上，而摄影机仅记录参考信号。这类参考信号主要用于后期画面剪辑过程中，并不参与最终的混音制作。在图 4-2（b）中，传声器首先连接至调音台，再经过调音台传输至录音机和摄影机。这种连接方式主要是为了解决录音机性能欠佳的问题，例如话放效果较差或者轨道数量不足，通过使用调音台提供更优质的话放效果和强大的路由功能来弥补录音机的不足。

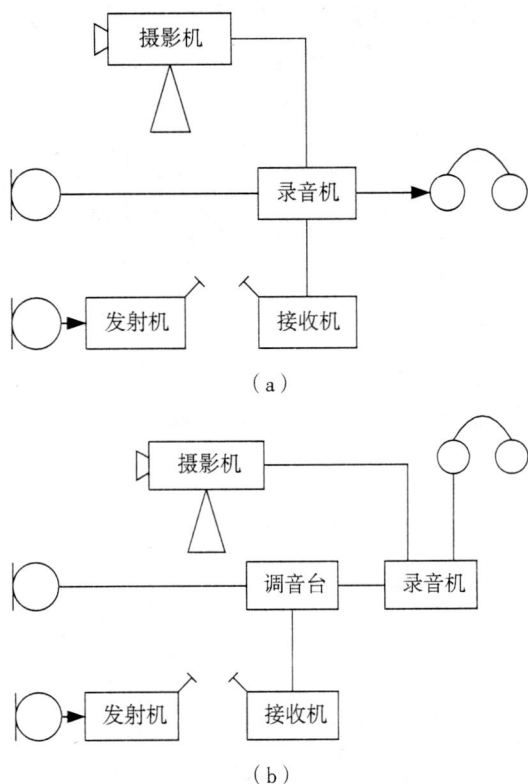

（a）

（b）

图 4-2 双系统设备连接示意图

两种录音方式各有优缺点：单系统录音是一种成本较低的选择，不需要额外购置或租赁录音设备，减少了开销。在后期制作时，可以对声音和画面进行一次性剪辑，无须为声音和画面的同步问题操心，从而节省制作时间。不过，这种方式无法摆脱摄影机自身的底噪，音质较差，动态范围不理想。另外，由于录音和摄影总是捆绑在一起，限制了录音工作的灵活性。摄影机的可记录声轨数通常只有 2 到 4 轨，当使用多支拾音麦克风时，可能需要进行信号的混合记录，而这种混合后的信号无法再分离，进一步增加了声音信号的底噪，缩小了后期制作的空间。

相比之下，双系统录音则使用专业录音机为记录设备，音质远远优于单系统录音，动态范围也更大。录音师得以脱离摄影组，可以更加灵活地完成录音工作，例如使用多支话筒录音或进行现场补录等。虽然双系统录音的音质和灵活性都有明显优势，但也带来了额外的成本。原本由一两个人完成的工作，由于新的录音设备的添置，需要更多的人来协助完成工作任务。此外，由于声音和画面不是记录在同一个载体上，必须考虑声画的同步问题。采用"合板"的方式进行声画同步要求在同期录音时对每一个镜头"打板"，并在后期制作中完成"合板"工作，这无疑增加了录音组的工作量。如果采用时间码同步的方式进行声画同步，则需要租用具有时间码同步功能的摄影机和录音机或配备单独的主时码发生器。更为复杂的是，双系统录音的声音和画面在后期制作过程中会因为画面有一帧的更改而需要相应调整声音，这也增加了后期声音剪辑的难度。

对于当前的声音制作来说，除非摄影机录的是参考信号，一般不会采用单系统录音方式。大部分的影视剧、纪录片都选择双系统录音，这是由于双系统录音在音质和灵活性方面的巨大优势。尽管单系统录音在某些场合下可能仍然有用，但大多数情况下，尤其在追求高质量音频输出的专业领域，双系统录音是不可替代的选择。

四、组建录音部门

欧美国家录音部门的分工相当细致，通常由多个专业职能角色共同完成一部作品的声音制作。这些角色包括声音设计师、同期录音师、话筒员、声音剪辑总监、对白剪辑师、音效剪辑师、音乐剪辑师、拟音师、拟音剪辑师、ADR混音师、音乐录音师和混音师等。在整个声音制作的过程中，声音设计师的工作可以贯穿始终，负责把握整部作品的声音风格和质量。在我国，以往的录音制作通常采用的是一个录音师全面负责制，录音师通常被称为"录音指导"或"声音指导"。近年来，这个称谓逐渐向"声音设计师"过渡。录音指导不仅负责整部作品的前期筹备、同期录音、后期制作和混音等工作，还需组建自己的录音团队，共同完成录音工作。尽管我国录音制作的分工也日益细化和专业化，录音指导仍然在整个过程中起着重要作用。角色分配和职责任务的精确划分，有助于确保每一个声音细节都能达到作品的预期要求。

录音指导作为录音部门的总负责人，其职能贯穿整个录音制作过程，包括前期筹备、拍摄和后期制作的各个阶段。前期筹备阶段，录音指导需要与导演沟通声音创作的构思和实施方案，勘查录音场地，选配音演员，租赁录音设备，组建录音团队，制定录音预算并签订录音合同。这个重要的阶段决定了后续工作的顺利进行和声音质量的基底。在拍摄阶段，录音指导有时需要亲自担任同期录音师角色，需要了解每天的拍摄计划，与各个部门沟通，制订具体的录音方案，同时指导话筒员和录音助理的工作。还需判断声音质量是否合格，解决同期录音中出现的各种问题。对于较大的团队，录音指导常常会雇用一位同期录音师来协助完成这些工作。整个声音录制过程不仅讲求专业技能，还需要与其他部门高度协作。后期制作阶段，录音指导仍需参与台词和动效的补录、声音的剪辑以及混音工作。这个阶段的工作对技术和艺术质量提出了双重要求。录音指导需对后期制作的流程、进度和人员进行有效管理，确保最终的声音效果与预期一致。声音的剪辑、整理、添加效果、调音和混音等环节复杂烦琐，录音指导的专业知识和实践经验在这个过程中显得尤为关键。

对于录音指导而言，工作的复杂性和专业性决定了其需要具备深厚的专业知识技能和较高的艺术修养，同时要求丰富的实践经验。录音指导的水平在很大程度上决定了作品声音质量的高低。因此，在录音指导的选择和工作分配上，往往需要十分慎重。录音部门的人员组成和工作分配会根据作品的规模和预算等因素进行适应调整。一般来说，一部制作规模较大的作品，录音指导会挑选一名经验丰富的同期录音师，以及3～4名录音助理，共同完成前期筹备和同期录音的工作。而在后期制作阶段，录音指导将与后期录音师、声音剪辑师、拟音师和混音师等分别合作，共同完成整个声音制作过程。这种专业分工和团队合作模式，有助于达到高质量的声音制作效果。声音创作是作品艺术表达中的关键环节，因此，录音指导不仅需要在技术上精益求精，更需要在艺术上进行有效把控，确保声音成为作品叙述的有力补充和表达媒介。在这一过程中，还需要不断更新设备和技术，跟踪最新的声音制作方法和工具，为观众带来更丰富的听觉体验。

（一）同期录音阶段的人员筹备

1. 同期录音师

同期录音师在声音制作阶段全面负责录音工作。每天录音工作开始之前，同期录音师需要充分了解当天的工作安排，与导演以及其他相关部门进行详细沟通，确保所有人对每一场戏的录音要求和方案都有清晰的理解。依靠这种方式，制订具体而详细的录音计划，保证录音工作顺利进行。

在实际拍摄过程中，同期录音师要密切配合导演的艺术构思，并协调同期录音组其他成员的工作。传声器的选择、放置位置以及移动路线的设计，都需要精准地考虑到拍摄现场的实际情况。此外，需对录音电平进行严格控制，避免录音质量受到干扰或削弱。遇到拍摄过程中出现的各种问题，同期录音师需要灵活应对，迅速寻找解决方案，保障录音工作的正常进行。另外，同期录音师还需具备对各种声音进行判断的能力，确保录音质量达到标准。这一过程需要高度专业的技术和经验，再配合敏锐的听觉以及对声音的执着追求。录制完成后，为了保证后期音频制作的顺利进行，同期录音素材的整理和交付成为不可或缺的环节。素材不仅要分类存档，还需完整无误地交由后期音频制作人员，为后期声音的编辑和处理提供基础保障。

2. 话筒员

在拍摄现场，话筒员的存在直接关系到同期录音的录音质量。由于现场工作人员众多，拾音设备既不能干扰画面拍摄，也不能影响演员表演，因此，需要话筒员灵活地操作专业设备，以最大限度地靠近声源进行拾音。通常，在拍摄中使用的话筒杆成为至关重要的工具。话筒员负责设置传声器和操控话筒杆的具体操作，确保传声器始终处于最佳拾音位置，而又不在镜头中出现。话筒员的角色通常由录音师选 1～2 名录音助理担任，这些助理需要有一定的声学知识和专业技能，除了掌握各种传声器的特性，还需要能够灵活地在复杂的拍摄现场找到合适的站位和跟杆路线。由于拍摄现场往往环境复杂、情况多变，因此，话筒员除了要有扎实的理论知识，还需要具备高超的实战能力。

3. 布线员

布线员的主要职责是确保录音部门的音频线缆布设合理，保证录音过程不受干扰。这个职位需要高度的专注与细致的工作态度。布线员需要根据拍摄现场的实际情况，灵活地布设音频线缆，力求线缆分布井然有序，这样可以避免线缆在地面摩擦发出噪声，也能防止专注于控制话筒杆的人员被线缆绊倒，使录制现场动线流畅无碍。

布线员还需与话筒员协调配合，随时根据话筒员的移动及时收放话筒线。这一互动工作确保了录音设备的正常运作，并且最大限度地减少了噪声干扰。布线员既要关注本部门的需求，还要注意与其他部门线缆的协调，避免互相干扰。在摄影棚或现场环境复杂的情况下，精妙的音频线缆布设显得尤为重要。在小规模的声音制作中，布线员的职责通常由话筒员兼任，这要求从业者不仅具备话筒操作的技能，同时也要具备布线的专业知识与灵活应变的能力。在需要多名话筒员的场景中，布线员也要承担一部分话筒员的工作，这就要求具备双重技能，能够在不同的岗位上灵活转换。

（二）后期制作阶段的人员筹备

1. 后期录音师

后期音频制作是现代影视创作和多媒体制作中不可或缺的重要环节，

录音师在这个过程中扮演着至关重要的角色。录音环节主要分为 ADR 录音和拟音录音，这两者各自承载着不同的职责，却都为最终的声效品质奠定了坚实的基础。

ADR 录音师的职责集中在 ADR 部分的对白录音。ADR 全称为 Automatic Dialogue Replacement，意为"自动对白替换"，这是后期声音制作的重要工序之一。简单来说，ADR 录音师在后期制作阶段建立同期参考声轨及配录的语言声轨，演员则在监听同期参考声素材的过程中进行台词的补录。补录完成后，最终将同期参考声轨替换为演员补录好的台词。由于使用了现场同期录制的语言作为参考，演员在配音过程中更容易找到拍摄时的表演感觉，大大提高了配音的艺术质量。通过 ADR 录音的方式，一场戏的同期语言和后期配音可以最大程度地保持连贯性。ADR 录音师需要高度专业的技术和艺术敏锐度，以确保这一步骤的声音录制和技术指标不打折扣。

2. 声音剪辑师

声音剪辑师作为音频后期制作的核心人物，承担着许多关键任务。这些专业人士通过选择、整理、剪裁和处理声音素材，实现创作者的艺术构想和意图，将声音展示给观众和听众。

3. 拟音师

拟音师在现代音频制作领域发挥着不可替代的作用。拟音师的工作始于项目成立之初，从那时起，人们便开始深入理解和分析项目的需求，无论是电影、电视、舞台剧，还是电子游戏以及广播剧等形式，拟音师都要在各类音效制作中展现精湛的技艺。

4. 音乐编辑

音乐编辑需要在作品的初剪阶段与导演、制片人密切合作，运用已有的音乐素材进行临时的编辑。这一阶段的工作旨在为作曲家提供创作指引，明确作品的长度、关键点、风格、节奏以及配器等要素，确保创作团队有一个共同的理解，方便彼此之间的有效沟通。

音乐编辑作为作品制作沟通的桥梁，需要时刻关注影片中视觉与声音的融合，帮助剪辑师和导演判断是否有必要对画面的剪辑进行调整。在电影、电视剧的制作过程中，沟通与协作始终是音乐编辑的重要任务。一旦作曲家完成初步的小样制作，音乐编辑需要将之前的临时音乐替换掉，提供给导演和录音师进行听评。通过审核和听取反馈，能够确保音乐更好地契合作品的需求，并对不理想的音乐段落进行及时的调整，为正式录音做准备。

在录音环节，音乐编辑仍是一名不可或缺的成员，需要与导演、录音师和作曲家继续合作，进行最后的音乐剪辑工作，确保成片的音乐实现预期效果。除了影视作品，音乐编辑在广告、游戏音效、现场演出等不同领域中也扮演着重要角色。在广告制作过程中，需要精准地把握广告片段的节奏与情感，将音乐与广告内容无缝结合，增强广告的传播效果。而在游戏音效制作中，音乐编辑则需要考虑游戏整体的氛围和玩家的代入感，将音乐与游戏场景和操作体验紧密结合，提升玩家的沉浸感和游戏体验。在现场演出中，音乐编辑同样需要具备较高的专业能力，能够应对各种突发状况，保证演出音乐的流畅和质量。

5. 混音师

混音师作为声音制作的最终把关者，其业务能力和审美标准直接影响着成品的质量。混音师通过将不同的声音元素——例如语言、音乐和音效进行有机融合，创造出一种平衡和谐的音响体验。不论是单声道、立体声还是环绕声输出，混音师都要确保每一个声音信号的频率、动态、声场和定位能达到最佳状态。为了实现这一目标，混音师需要对每一个声音轨道进行细致的调整，使各元素在整体音效中既有表现力，又能够完美契合。

除了在影视剧中的应用，混音在音乐制作中的重要性也非常明显。无论是流行音乐、古典音乐还是电子音乐，每一首乐曲的最终呈现都离不开混音师的精心调整。混音师通过控制各乐器和声部的音量、频率和动态，能够让音乐作品更具层次感和表达力。尤其是在录音棚中工作时，混音师还需要与制作人、艺术家密切合作，确保最终的音响效果能达到甚至超越最初的期望。

混音工作除了需要高超的技术，还需要独特的艺术素养。混音师必须对声音高度敏感，能够捕捉到细微的声音变化，同时还要拥有丰富的声音编辑经验和广泛的声音知识。这包括对同期声、效果声和拟音等各种声音类型的深刻理解和操作技巧。此外，混音师还需要熟练使用各种录音设备和效果器，通过这些工具实现对声音的细致处理。

五、设备测试

在任何影视作品或广播录制的过程中，声音设备的检测和调试都非常重要。通过合理的设备测试，可以确保声音质量达到最佳，并为后续的制作环节奠定基础。在着手进行声音设置之前，多部门之间的协调与配合同样是成功的关键。这一过程中，设备的连接、检测和调试是相互关联、不可分割的体系。以此为基础，详细剖析声音设备的检测和调试，可为其他行业提供思路和参考。

（一）录音系统的通路测试

声音信号在传输过程中会受到各种因素的影响，因此必须确保各设备的工作状态良好。在这一过程中，选择合适的传声器、调音台和录音机极其重要。设备之间需要正确连接，并通过录音和回放的方式检查录音系统是否存在问题。具体来看，话筒的频响和灵敏度直接影响声音的清晰度和细节，如果发现声音信号发闷、高频不足或音量明显偏小，需要考虑更换敏感度和频率特性更好的传声器。此外，录音机各声轨的稳定性也需特别关注。如果录制过程中声音信号存在杂音或者信号断续，则可能是音频电缆和接插头接触不良的问题。这时应考虑更换或修理音频电缆。

无线设备的检查也不容忽视。话筒开启后，频点的串扰问题及无线发射距离需要特别关注，确保在实际工作中无线信号能够稳定传输。调音台和录音机上的开关和旋钮是否正常工作也是检测内容之一。更为重要的是，检验话筒杆运动时是否存在噪声，这直接影响录音的质量和观感。通过这些详细的检测，可以最大限度地确保录音系统的稳定和可靠。

（二）录音机和摄影机的同步测试

同步测试是为了确保声音和画面同步，避免出现声音延迟或提前的情况。如果采用单系统录音方式，将话筒连接调音台，并将调音台的输出信号传输到摄影机。试拍一段包含对白的演员表演片段，并在监视器中查看演员的口型是否与声音同步。如果使用双系统录音方式，则需要在拍摄现场使用打板或时码同步器进行同步，将话筒的输入信号分轨记录在录音机上。拍摄完成后将素材导入视频工作站中进行同步检查，优选在大银幕上查看同步效果，以此确保声音和画面的高度一致。这一过程无疑是声音与画面完美结合的基础。

（三）各部门的整体配合测试

无论摄影还是录音，各部门都需要在实际工作中紧密协作，才能确保最终作品的高质量。在确定录音系统没有问题后，进行整体配合测试意义重大。这一过程不仅能够检查设备的工作状态，更能检验各部门之间的协同能力。尤其是在现场可能产生噪声的情况下，如照明灯、变压器、移动轨道等。录音师需要在测试场地拾取一段环境声，通过监听耳机判断现场噪声水平是否符合要求，发现问题立即向相关部门提出调整和修正要求。

设备检验完毕后，还要注意设备的搬运和维护。在设备运输过程中应采取防尘、防潮及防震措施，特别是在潮湿环境中工作时，干燥箱的配备可以有效避免潮湿对设备性能的影响。长途运输时，贵重设备最好随身携带，确保设备不被损坏。

第五章 同期录音及声音设计

声音录制和声效设计是许多创意领域中的重要环节，对整个创作团队的各个方面都提出了严苛的要求。特别是在同期录音这种富有挑战性的工作过程中，更是需要各方面协同配合，才能确保实现高质量的音频效果。

演出者的声音表达能力是声音录制工作的核心之一，声音不仅仅是交流工具，更是情感和角色塑造的重要手段。因此，演员在台词、声音节奏和情感表达方面需要具备极高的素养，才能真正使听众产生共鸣。此外，拍摄现场的声学环境也是声音录制的关键因素之一，选择和搭建场景时需要慎重，确保场地的噪声水平在可控范围内。而场景的结构和材质，则会直接影响到声场的效果，合理地设计和布置，可以有效地减少不必要的回声和杂音，提升声音的纯净度。

在技术设备的选择上，低噪声的摄影和灯光器材是必不可少的，它们不仅有助于提升画面质量，更重要的是，不会对声音录制造成干扰。同时，录音设备的配置也至关重要，从话筒到录音机，每一个环节都需要可靠的器材，保证声音的原汁原味。

音效设计和同期录音团队包括录音师、话筒员、收线员及同期音效采录师等各个角色，每个人都有自己独特且不可或缺的职责。这些职责相辅相成，共同确保录音工作顺利进行。掌握声音录制的基本原则，确保录音设备和线路的完好，控制好录音电平，填写详细的声音场记单，这些都是团队工作的一部分。而熟悉录音流程，进行对白录音、实景配音，以及采录现场环境声等工作内容，更是考验整个团队的技术水平和协作能力。

此外，还有诸如音画分离方式的录制，处理同期群声和采录同期音效等工作，这些技术手段不仅能够丰富声音的层次感，还能为后期的声音处理提供更多的可能性。通过细致的声音设计和精准的录音，可以使作品在情感表达和效果呈现上达到新的高度，为观众和听众带来更加震撼和真实的体验。

第一节　同期录音设备的配置

在确定了录音方式之后，录音师需要综合考量影片的摄制规模、资金状况、技术需求以及拍摄现场的声学条件等多方面因素，从而选择最为合适的同期录音设备。在采用双系统录音方式的情况下，通常需要准备的录音设备如表5-1所示。

表5-1　双系统录音方式应准备的录音设备

设备类型	设备明细	数量
传声器	强指向传声器	3～4支
	超心形指向传声器	1～2支
	环绕立体声传声器	1支
	无线传声系统（话筒头、发射机、接收机）	2套（2发射机+1接收机）

续表

设备类型	设备明细	数量
传声器附件	减震架	按照挑杆传声器数量准备
	网式防风罩（猪笼）	
	海绵防风罩	
	防风毛衣	
	无线增强天线	1个
	话筒三脚支架	2个
	无线手雷	2～4个
	话筒线（25 m）	8～10根
话筒杆	长杆（4～5 m）	2根
	中杆（3.8 m左右）	2根
多轨录音机	主录音机	1台
	备用录音机	1台
监听系统	监听耳机	1~2副
	无线返送系统	1个发射机带多个接收机
其他附件	供电设备（电源、电池、电源线、充电器）	按具体使用的录音设备和拍摄的实际情况来确定数量
	录音车	
	器材箱	
	插线板	
	大力胶	
	工具（电烙铁、钳子、螺丝刀、万用表、绝缘胶布等）	
	文件导出数据线	
	储存卡、移动硬盘	

（一）传声器的选择

不同传声器的频率特性各异，对同一声源录制出的声音音色可能也存在差异。因此在进行同期录音时，应尽量全片采用同一种传声器，以防录制出的声音音色不统一。当不可避免地需要更换传声器以适应不同的录音条件时，也应尽可能在同一场景中或针对同一声源持续使用相同类型的传声器，以确保声音的连续性和一致性。

在选择用于同期录音的传声器时，可以从以下几个方面进行考虑。

1. 选择强指向传声器

强指向传声器，亦称枪式传声器，在声场环境复杂的同期录音中常担当主要角色，辅助以超心形指向传声器使用。枪式传声器拥有狭窄而精准的拾音角度，较好地压制了侧向噪声。其类型分为长枪式和短枪式两种，应用场景各有千秋。

长枪式传声器由于具备更高的信噪比，适合在较远距离中进行拾音。其拾音角度更为狭窄，长度更长，重量也更大。这无形之中增加了话筒管理员操作的难度，对传声器位置的把控要求更为严格。如果稍有偏差，便会出现离轴声染色的现象，而增加的长度和重量更是给室内拾音时的操作带来麻烦。总体来看，长枪式传声器多用于室外环境录音，尤其是在需要准确捕捉远距离声源时，其优势便得以充分发挥。而短枪式传声器相较之下则应用更为广泛。其长度和重量较为适中，操作起来更加便捷。拾音角度也相对宽广，更易于获得均匀的音色。在室内或空间有限的环境中，短枪式传声器的优势尤为明显，无须过多担心操作的麻烦，能够更灵活地应对多变的录音需求。

尽管枪式传声器在诸多复杂声场环境中表现出色，但其狭窄的有效拾音角度也带来空间感欠缺的听觉体验。因此，在声场条件较好的室内或摄影棚，或是进行室外录音的特定环境下，超心形指向传声器成为不错的选择。其体积小巧，拾音角度宽广，适合室内操作，并能更自然地捕捉到声音。在记录运动范围较大的声源时，不会产生明显的离轴声染色情况。对于两人的对话场景，只需略微转动话筒便能轻松录制，减少因转动话筒不及时可能导致的"丢词"现象。在具体使用中，由于长枪和短枪两种枪式传声器各有所长，其选择依赖于具体场景的需要。在需要极为精准定位和长距离拾音时，长枪式显然是更加理想的选择；而在需要便捷操作和多变环境适应时，短枪式则更为实用。而在不需要枪式传声器那样强指向性的录音环境中，超心形指向传声器则以其出色的适应能力和声音的自然感成为优选方案。

2.考虑有线传声器和无线系统配合使用

在声音制作中，同期录音是确保音质优良的重要环节。一般而言，挑杆传声器通常被优先选择用于拾音。这主要归因于挑杆话筒的振膜较大，频率响应范围广，能够捕捉到更自然和细腻的音色，并且不受无线信号干扰或丢失的影响。然而，挑杆传声器的使用孔络常需要有足够空间来容纳话筒线，这是它的一个不便之处。此外，由于话筒线的存在，对录音助理的操作也带来一定限制。多数影视剧的同期录音因此会在挑杆传声器之外，额外使用无线系统进行拾音，形成一种互相补充的模式。

无线系统在同期录音中得到了广泛应用，主要有两种形式。其一是"领夹式传声器＋腰包发射机＋接收机"的无线系统。领夹式传声器，业内俗称"胸麦"，其外形小巧，便于隐藏在演员衣服内，但由于衣物遮挡可能导致高频损失，因此部分传声器会对高频段进行提升以减小这种损失。腰包发射机通常佩戴在演员腰间，负责将声音信号传输给接收机。在选择领夹式传声器时，需要考虑尺寸、指向性以及音色等因素。腰包发射机与接收机的选用则需关注工作频段、传输距离和信号的稳定性。

无线系统的工作频段主要分布在甚高频和超高频两个频段。甚高频频段的信号传输容易受到干扰，且频带窄，稳定性较差；超高频频段则频带宽广，不易受到其他信号的干扰，能够提供更加稳定的传输环境。此外，超高频频段发射机的最大输出功率可达 250mW，相较于甚高频频段的 50mW 更为强大，这意味着可将信号发送至更远的距离。但为了平衡电池使用时间，大多数超高频发射机选择 100mW 的输出功率。同时，超高频发射机的天线设计也更为紧凑，小巧的天线便于安装在演员身上或者固定在摄影机上，进一步提高了使用的灵活性。目前，超高频频段已经成为专业无线系统的主流选择。

另一种常见的无线拾音系统是"挑杆传声器 + 外接式发射机 + 接收机"。近年来，随着同期录音需求的逐渐增加，传统挑杆传声器的地线布置问题变得尤为突出。各种灯光线、电源线的交织往往造成场地凌乱，并且容易干扰拾音效果。于是，一种将有线挑杆话筒转变为无线的设备——外接式无线发射机诞生，俗称"手雷"。"手雷"通过 XLR 接口连接普通挑杆话筒，并用胶布固定在话筒杆上，进一步将挑杆话筒的信号转化为无线方式进行传输。

无线"手雷"的使用极大地方便了同期录音操作，不仅保持了挑杆传声器原有的优良音色，还消除了话筒线的束缚，为录音助理提供了更大的操作自由度。不过，无线"手雷"也带来了新的挑战，尤其是电池的管理问题。"手雷"中的电池需要同时为发射机和前端电容话筒供电。因此，录音助理必须时刻注意电池电量，及时更换，以免电量不足影响信号传输。此外，"手雷"的重量增加了话筒前端的负担，长时间使用会让录音助理感到疲惫。综合来看，无论是有线挑杆传声器，还是无线系统，各有其优势与局限性。在实际应用中，通常会根据具体需求，灵活采用不同的拾音方式。比如在开放空间或需要自由度较高的拍摄环境中，无线系统明显更具优势。而在对音质要求极高的内景拍摄中，有线的挑杆传声器则能够提供更加稳定和优质的音频效果。

同期录音技术的进步和发展，不仅仅是为了克服设备本身的限制，更在于改善拍摄过程中的操作体验，提高工作效率和音频质量。例如，领夹式传声器的隐蔽安装，使得演员的移动自由度提高，不易暴露话筒位置。而外接式发射机的诞生，使得录音助理无须再因电缆布置问题而烦恼，尤其是在复杂的拍摄场景中，可以更加灵活地进行操作。此外，录音设备的选型和设置也必须充分考虑拍摄场景的具体需求和环境。例如，在某些干扰频繁的场景中，应优先选择超高频频段的无线系统，以避开频率干扰；而在需要长时间连续拍摄的情况下，则需要加大电池容量或准备足够的备用电池，确保信号的连续和稳定。

（二）调音台的选择

在选择同期录音的调音台时，需关注其便携性和通路数的充足性。根据使用的环境和需求，不同类型的调音台具有各自的优势。在同期录音中，主要使用的调音台可以分为两种：便携式调音台和车载式调音台。

便携式调音台以其结构简单和小巧轻便的设计著称，尤其是适用于不太复杂的录音场合或需要单机外出的情况。其优异的便携性使得它可以方便地放在录音包中，并由录音师背在身上进行操作。相较于车载式调音台，便携式调音台的设计更为简洁，信号输入和输出端分别位于设备的左右两侧，电平调节装置通常设计为旋钮。这种设计使得录音师能够在单手持话筒杆的同时，用另一只手灵活地操作调音台的各项功能，提高工作效率。

车载式调音台则趋向于规模较大且具有更多通道的设计，通常被安置在录音车上使用。其强大的路由功能使得在复杂的录音环境中也能够处理多个音频信号源，同时保证信号传输的稳定和高质量。与便携式调音台不同，车载式调音台的电平调节装置设计为推子，这种设计适于在需要同时控制多个通道时进行精细操作，推动过程也较旋钮更为直观和平滑。多个推子的配置也意味着录音工程师在操作过程中可以更为灵活地进行音频信号的混合和调整，特别是在多话筒、多音源的情况下，能更好地实现音质的平衡与优化。

（三）录音机的选择

在选择双系统同期录音的设备时，录音机无疑是核心部分。事实上，选择一款合适的录音机对录音品质有着重要影响。下面从三个方面详细探讨选择录音机时需要注意的关键因素。

1. 录音机的质量

高精度的专业数字录音机在许多方面展现出优异的性能。这些高端设备普遍配备优秀的话放，其采样精度高，动态范围大，并且能够长时间稳定工作。这类录音机往往拥有完善的文件管理系统，因此特别适合中高成本影片的制作。对于一些预算有限但仍需保证一定质量标准的项目，中档录音机可能是更为实际的选择。这些中档设备在话筒前置放大器和采样精度方面有着中等表现，能够满足一般中低成本电影的录音需求。然而，在制作低成本的微电影、广告或学生作业时，常常使用更低档次的录音设备。这类录音机通常存在话放性能欠佳、底噪较大、采样精度不稳定、动态范围不足等问题，因此更适合预算有限的场景使用。

2. 录音机的轨道数

作品复杂程度不同，对录音机轨道数的需求也不同。在当今普通的声音制作项目中，4轨录音机被认为是最基本的配置，能够满足基础的拾音需求。然而，假如项目稍显复杂，可能需要使用6至8支传声器（包括挑杆话筒和无线传声器）同时进行拾音，这种情况就要求录音机具备较多的轨道数。轨道数不仅直接关系到录音的灵活性和可操作性，同时也影响最终声音成品的质量。因此，在选择录音机时，需要根据具体项目的需求，选择符合轨道数要求的设备，从而确保能够完整、准确地捕捉场景中的各种声音元素。

3. 设置主录音机和备用录音机

为了确保录音工作顺利进行，并且能够有效应对不可预见的突发状况，特别是在中高成本作品的制作过程中，通常会设置主录音机和备用录音机两台设备。这种配置有助于提高录音的安全性和完整性。主录音机作为主要音源采集设备，负责记录最重要的声音内容。同时，备用录音机则用于补充和备份，可由录音组的其他成员带至现场周边，用于录制环境声和额外的音像资料。一旦主录音机出现故障或问题，备用录音机可以迅速顶上，确保录音工作不受影响。备用录音机不仅使整个录音流程更加灵活，还为最终的声音后期制作提供了更多可用的素材，优化了声音的整体表现力。

（四）监听设备的选择

在同期录音中，声音的监听工作尤为重要，涉及录音师、导演、话筒员以及其他主要摄制组成员。录音师通常会选择专门的监听耳机进行监测，这一过程极其讲究耳机的品质。从隔音程度到声音的还原度，再到佩戴的舒适程度，都是录音师考虑的重要因素。专业的监听耳机不仅可以有效地屏蔽外界噪声，使录音师能够完全沉浸在录制的声音当中，还能够真实地再现录制对象的每一个细节，确保每一个声音都经过精准的评判与处理。同时，耳机的舒适度也不容忽视，因为长时间的工作需求需要耳机佩戴舒适，以保证录音师能够在保持专注的情况下，不受到外在因素的干扰。所有这些因素的综合考虑，都是为了保证录制最终呈现的音质达到最佳效果。

（五）音频线缆与接插头的选择

1. 选择平衡接法的音频线缆与接插头

音频线缆有平衡和不平衡两种接法。平衡的音频线缆采用双芯屏蔽设计，通过两条信号线传送一对平衡信号，可以在信号的拾取和传输过程中有效抵消两根导线所拾取的电磁场强度相等的噪声信号。这种平衡传输方式对环境中的电磁干扰具有良好的屏蔽作用，能够提高抗干扰能力，大大减少杂音干扰。相比之下，不平衡的音频线缆则采用单芯屏蔽设计，仅使用一条信号线传送信号。这种连接方式在传输过程中更容易受到外界的电磁干扰，导致信号在录音时会捕捉到更多的噪声，这些噪声信号将通过单根导线直接传输到下一级线路。这不仅会影响录音的质量，还可能干扰后续信号处理。

除了噪声屏蔽能力和抗干扰性能上的优势外，平衡音频线缆的阻抗还可以与所连接的传声器阻抗相匹配，这使得即使在使用长达百米的线缆时，也不会出现信号强度的明显损失。正因如此，在声场环境极为复杂的同期录音中，通常会选择使用平衡传输的音频线缆，并通过合适的接插头进行连接。这种配置不仅能够确保信号的稳定性和清晰度，还能有效降低各种环境噪声对录音效果的负面影响。

2. 准备合适长度的话筒线

在同期录音过程中，话筒线起着至关重要的连接作用，主要将传声器和录音设备（如录音机或调音台）连接起来。话筒线的长度是一个关键因素，因为它直接关系到录音工作的灵活性和便利性。如果话筒线过长，在距离不远的情况下，录音助理常常需要处理多余的线缆，这不仅会增加操作的烦琐程度，同时在携带时也会显得笨重。相反，若话筒线太短，则可能对话筒员的移动范围造成限制。为了克服这种问题，可能需要频繁地连接延长线，但这又增加了录音设备之间连接的不稳定性和复杂性。

通常情况下，录音师会选择一根长度为 20 ～ 25 m 的话筒线。这一长度被认为适中，能够满足大部分录音场景的需求，并且在必要时可以通过将两根话筒线首尾相连来实现进一步的延长。这样一来，不仅保证了录音工作的流畅进行，也减少了频繁接插线缆可能带来的麻烦和风险。

3. 多准备一些线缆和接插头

需要考虑同期录音时音频线缆和接插头的可能损耗问题。由于在录音过程中，设备的连接线缆和接插头长期使用或频繁更换，往往会出现磨损和老化，导致音质下降甚至录音中断。因此，为了确保录音质量的稳定和连续性，最佳的做法是备有足够数量的备用线缆和接插头。这种准备可以有效应对突发状况，立即替换出现问题的部件，尽可能减少录音中断对工作进程的影响。此外，定期检查和维护音频线缆与接插头的状态也是确保其正常工作的必要措施。通过这样的预防性维护和备用计划，可以在极大程度上减少设备故障对同期录音工作的影响，保障录音任务的顺利完成。

（六）其他用品的选择

除了以上提到的主要录音设备之外，也有一些同样不可或缺的辅助用品，需要在录音前期进行充分准备。这些辅助用品在同期录音中发挥着至关重要的作用，与之前列举的录音设备相比同样重要。

1. 电池

一般情况下，同期录音所用的调音台、录音机和无线系统等设备均需供电。为了便于携带和使用，通常会采用电池供电。电池的类型多种多样，应根据所选录音设备的具体要求来确定所需的电池类型。调音台和录音机一般使用 12V 或 14.8V 的锂电池来供电；无线接收机和监听发射机则多使用 1.5V、3000mAh 的 AA 电池，也就是常说的五号电池。而"手雷"这种设备，其具体型号决定了其使用的电池类型，常见的是 1.5V 的 AA 电池或是 9V 的方形电池。

2. 大力胶

在同期录音过程中，大力胶的使用非常普遍，尤其是用于粘贴领夹式无线传声器的话筒头。当将话筒头固定在演员或主持人的衣服上，使其保持稳定并减少因移动而引起的声音干扰时，大力胶恰好能发挥重要作用。此外，这种胶还可以用来固定话筒线，确保这些细小的电线不会在录音时扰乱画面或产生噪声，极大地优化了设备的布线和场地的整洁度。不仅如此，大力胶还常被用来在现场做各种标记，例如标记演员的站位、设备的摆放位置等，从而提高工作效率并避免因位置混乱而产生的不必要麻烦。

3. 存储卡和移动硬盘

当前，绝大多数数字录音机采用存储卡（如 SD 卡、CF 卡）或硬盘来存储音频数据。在进行同期录音时，对音频素材的质量要求非常高，因此常常会使用较高的采样频率来收集声音，导致音频数据量较为庞大。这就要求所使用的存储卡和硬盘需要具备足够的存储空间，以满足这样的需求。

4.吸声材料

在录音现场，经常会遇到因混响过大而影响录音效果的情况。此时，需要对录音现场进行适当的吸声处理，以确保录制出的声音清晰、纯净。一种常见的处理方式是在地面和墙面布置吸声材料，这种材料能够有效减少声波的反射，从而吸收多余的混响声，使音质得到优化。

吸声材料的选择种类繁多，其中吸声垫、毛毯和棉被是较为常用的。吸声垫通常由柔软且密度适中的材料制成，能够在一定程度上降低反射声的强度。而毛毯由于其纤维结构，可以捕捉并吸收声波，减少环境中的噪声。棉被则因其厚实和蓬松的特点，成为一种极具效率的吸声工具，能在录音过程中明显降低混响效果。

第二节　同期录音的原则和内容

同期录音因其声音制作现场的复杂性和不可预测性而富有挑战性，掌握一些前人总结的经验和理论，有助于在实践中少走弯路。尽管电影和电视剧的声音制作是最常见的应用场景，但同期录音的原则可以广泛应用于其他声音制作领域，例如纪录片、现场演出、广播剧和新媒体内容的制作。

一、"同期录音三原则"理论

"同期录音三原则"是指在影视作品拍摄时进行同期录音需要掌握的三个录音原则，即：①语言声音优先于音响声音录制；②画内声音优先于画外声音录制；③录音助理（话筒员）工作时要面向演员和摄影机。[①]
这些原则同样适用于其他领域的声音制作。

（一）语言声音优先于音响声音录制

语言作为传达信息的最直接方式，在声音制作中具有极为重要的地位。语言的清晰与准确既是声音制作的核心，也是传递意义和情感的关键因素。在同期录音过程中，语言声音应当被优先考虑并高质量地录制，以确保信息的清晰传递和情感的准确表达。

一方面，语言作为人与人交流的主要方式，其在制作中的质量直接影响信息的接收程度。如果语言声音不够清晰或存在杂音，受众在理解信息时将面临困难，这会对整个录制作品的质量产生不利影响。因此，在同期录音中，优先保证语言声音的清晰和准确是至关重要的。具有高质量语言录音的作品，能够更有效地传递信息，同时增强受众的代入感和共鸣。

另一方面，语言承载了丰富的情感和细腻的表述，能够传递声音制作者的精神内涵。音响声音虽能营造氛围，增强声音作品的表现力，但它们更多地起到辅助的作用。如果没有语言声音的准确引导，配合的音响声音再出色，也难以完整传递制作者的意图。因此，在具体的声音制作实践中，语言声音的录制应被优先处理，可在二次处理时再对音响声部进行调整和优化。

不容忽视的是，在一些特定的录音环境中，背景音往往难以完全避免。优先录制语言声音可以在后期处理中更为灵活地处理背景噪声，进而提升声音作品的整体质量。背景音的处理能够帮助构建更为纯净的听觉环境，进一步提高语言声音的清晰度和信息传递的准确度。

（二）画内声音优先于画外声音录制

画面与声音的同步，在建立画面与声音之间的合理联想方面起到了

---

① 姚国强，王旭峰.影视同期录音的基本法则（上）——解析"同期录音三原则"[J].现代电影技术，2006（4）：9.

关键作用，能够增强观众的沉浸感和体验感。因此，在同期录音中，画内声音的录制水平显然应该被优先考虑，甚至优于画外声音的录制。

画内声音，即源自场景内的声音，在许多情况下，往往直接关系到影片或视频作品的真实感和现场感。无论是对白、环境音还是背景音，这些声音都出现在影像场景之中，观众则习惯于通过这些声音来对画面内容进行认知和情感反应。画内声音的高保真录制可带来更自然、更连贯的听觉效果，使得声音与画面实现无缝对接，从而增强观众的代入感和情感共鸣。如果画内声音质量欠佳，背景噪声过多或者对白模糊不清，观众难以进入剧情、理解故事，无疑会削弱作品的感染力和表现力。

相较之下，画外声音虽在影视作品中同样具有重要作用，但其录制难度和对观众的直接影响相对较低。画外声音通常包括旁白、配音或某些背景音乐，这些声音尽管在传递信息、烘托氛围方面不可或缺，但其出现在画面之外，且往往基于后期制作和混音处理。画外声音的录制由于不受现场环境的局限，通常可以自由地进行调整和优化。因此，后期制作中可以通过反复编辑来达到预期效果，而无须在同期录音阶段花费过多心力。

优秀的画内声音录制，不仅能够提高观众的视听体验，还具有无可替代的即时性和临场感，使得作品更具生命力与感染力。同一时间和地点录制的声音，能够更真实地捕捉到演员的语气、动作以及场景的环境音效，完美实现音画的同步。而画外声音，虽也能在某种程度上弥补画内声音的不足，但永远无法完全替代画内声音的真实感和自然流畅。

（三）录音助理（话筒员）工作时要面向演员和摄影机

为了确保录音过程中拾取到最清晰、最直接的声音信号，话筒员在工作时需要面向演员和摄影机。这项原则既适用于影视剧声音制作，还适用于音乐会现场、纪录片拍摄、广播剧录制，以及各种直播活动中的声音制作。

首先，话筒员面向演员和摄影机的设置能够最大限度地减少杂音的干扰。例如，在拍摄一场对话戏时，话筒员的麦克风直接对准讲话的演员，这样可以尽量避免背景噪声的干扰，让观众听到更清晰的对话。同样，在音乐会和广播剧的录制过程中，话筒员将麦克风对准乐器或演出者，也能有效过滤周围环境带来的杂音，确保观众听到纯净的声音信号。

其次，话筒员通过面向演员和摄影机的设置，还可以有效避免反射声对录音效果的影响。在室内录音时，声音很容易在墙壁、天花板等各种平面上反射，从而产生回声。这种回声不仅会降低音质，还可能导致音频信号的混乱。通过将麦克风直接对准声源，话筒员能够最大限度地减少反射的干扰，使录制出的声音更加纯净自然，并且这种设置还有助于增强录音的立体感。当话筒员将麦克风对准声源时，可以更准确地捕捉声音的方向和距离感，让最终呈现的音频作品更具层次和空间感。不论是在影视剧中还是在音乐会录制中，这种立体感都能为观众带来更加真实的听觉体验。尤其是在录制具有空间感的音频项目时，例如环绕声效果的电影或现场音乐会，通过这种设置能够明显提高音频作品的质量和感染力。

最后，不论是在任何录音环境中，话筒员通过面向演员和摄影机的设置，都能更好地保障音频信号的专一性和稳定性。避免了外部环境干扰和反射声的影响，使录音的质量得到明显提高，从而为整个音频制作过程奠定了坚实的基础。

二、同期录音的五项原则

广西电影制片厂的电影录音师林临在其多年的声音艺术创作实践中，也总结出了五条原则。这些原则一方面扩展了"同期录音三原则"理论，另一方面还进一步细化了同期录音在不同场景下的操作细节，具体内容如下。

（一）声画景别相一致的原则

声音与画面在空间和时间上的一致性能够起到增强观众沉浸感的重

要作用。

在纪录片的制作中，通过精确捕捉与画面相称的环境声音，可以真实再现场景，营造逼真的氛围和情感体验。例如，在展现一片宁静的森林时，背景音中溪水潺潺、鸟鸣声此起彼伏，与画面自然融合，使观众仿佛身临其境。而在战场纪录片中，高亢的枪炮声、轰隆的爆炸声与震撼的画面完美匹配，则能够有效传递紧张和压迫感。

在广播剧的创作中，声音是唯一的叙述媒介，通过声话景别的精准控制，可以引导听众的想象，构造出丰富的画面感。如果角色在对话中的语气、位置和互动声音都与听觉空间保持一致，听众便能更容易感受到情节的发展，从而产生强烈的代入感。

在新闻报道中，尤其是现场报道通过与画面高效匹配的声音，可以将事件的真实性和紧迫感传达给观众。例如，在灾难现场，背景音中救援队的呼喊、紧急车辆的警笛声，与画面完美契合，增强了报道的冲击力和说服力。

广告制作则更为注重这一原则的运用，广告需要在短时间内快速吸引观众的注意力，并传达有效信息。声话景别的一致性能够提升广告的感染力和说服力。清晰的产品解说与展示画面同步，背景音乐的节奏与影片的快慢相协调，能够增强广告的整体协调性和观众的记忆点。

（二）画内突出主体的原则

无论是在记录采访内容、舞台演出还是音频书籍的制作中，演员的声音和情感都是核心要素。通过突出表演者的声音与情感，能够更好地将观众带入特定的情境，帮助他们精准地理解和体验故事的脉络与细微变化。这种技术手段确保了声音的层次和细节得以清晰呈现，从而增强了整体叙事的效果。

在广播剧中，演员的声音表演更是直接决定了听众的沉浸感。通过精心录制和处理，使演员的声音在音频中成为最具表现力的元素之一，不仅能够提高作品的吸引力，还能在细节上丰富听众的感官体验。强烈的声音表现力和高度还原的情感表达，无疑是听众被故事深深吸引的关键。

在纪录片领域，采访人物的叙述常常需要在声画结合中保持其突出效果。通过高质量的声音录制，能够在很大程度上提高纪录片的真实感和说服力，使观众更容易感受到所传达的信息的重量与深度。这不仅体现在技术层面，还包括对环境音的控制与协调整合，以确保访谈的声音是吸引人的元素。

音频书籍的制作同样注重表演者声音的主导性。在这个过程中，讲述人的嗓音质量、语调变化、情感投入都是决定音频书籍品质的关键因素。通过细腻的录音设备和技术手段，准确捕捉表演者的每一个情感波动，使读者仿佛置身于场景之中，沉浸在文字与声音交织的世界里。

（三）画内声（台词）与前景声（台词）为主的原则

在同期录音过程中，优先捕捉任务核心部分的台词，确保其清晰度和准确性，这是各类音频制作的基础原则。从影视剧的制作来看，演员的台词往往占据了核心地位，其清晰传达不仅影响到剧情的发展，也直接关系到观众的理解和情感共鸣。

在广播剧制作中，声音是唯一的交流媒介。听众通过听觉感知故事和情节发展，因此，清晰准确的台词显得尤为重要。高质量的台词录制能够确保听众清晰理解角色之间的对话和情感流动，从而最大限度地发挥声音叙事的魅力。这一原则同样适用于播客、纪录片和新闻类音频节目，这些节目通过声音与听众交流，清晰的台词和准确的信息传递是成功的关键要素。

在音乐会或戏剧演出中，同样需要优先处理好演员和表演者的台词和前景声音。尽管这些演出通常伴随着复杂的背景音效和音乐，台词的清晰度还是不容忽视的。无论是现场演出还是录制成品，这一原则有助于确保观众和听众能够自然地跟随演出的节奏与情感变化。

（四）避免噪声的原则

为了确保录音质量，同期录音时通常会采取一系列措施以降低环境噪声。这包括选择合适的录音设备与麦克风，优化其灵敏度和拾音范围，以捕捉到最清晰的声音来源。此外，录音场地的选择也十分重要，要求尽可能避开有大量背景噪声的环境，如拥挤的街道、工地或其他嘈杂场所。如果录音场景本身不可避免地存在噪声，那么采取隔音措施，包括使用隔音板、隔音毯等，来降低外界噪声对录音的影响，便成为必要的步骤。

技术上的调音和后期处理也是控制噪声的重要手段。在录音过程中，录音师会密切监控声音信号的强度和清晰度，实时调整设备参数，以确保收录到的声音尽可能干净、纯粹。录音完成后，音频文件进入后期制作环节，通过降噪处理、频谱分析和滤波器等技术手段，对音频进行优化和处理，从而进一步降低或消除残留噪声。

在涉及多人的对话场景，例如记者采访或纪实节目拍摄中，各种技术设备必须协调一致。使用多轨录音技术，可以将不同声源分开录制，这能够在后期处理中更有效地控制和处理背景噪声。此外，录音师在现场通常会与拍摄团队密切合作，确保现场设备和人员的活动都不会产生额外的噪声干扰。

（五）话筒尽可能逼近发声体的原则

合理安排话筒的位置可以极大程度地减少由环境噪声带来的干扰。在嘈杂的环境中，远距离录音可能会捕捉到许多不必要的背景声音，使得音质变得模糊不清，影响最终的录音效果。而通过将话筒尽量靠近语音或音乐的发声源，可以明显提高声音的清晰度。原理是，降低话筒和发声体之间的距离能够增强目标声音信号的强度，同时相对减弱环境噪声的影响。无论是拍摄对话时演员的台词、音乐会上乐器的演奏，抑或是纪录片中的自然声音，均可通过这种方式实现更为纯净和真实的录音。

在电影和电视剧的拍摄过程中，采用这一原则能够确保演员的对白清晰明了，使观众更容易理解剧情发展。甚至在处理特殊场景或复杂音效时，仍能通过巧妙的录音手段保持高品质的声音回放。音乐会的录音同样受益于话筒位置的精准设置，能够充分捕捉不同乐器之间的细微差别，呈现出丰富的音响效果。对于影像记录和纪录片制作，话筒的合理布置有助于真实还原现场环境的声音，以增加画面的真实感和代入感，从而增强观众的体验。

第三节　同期拍摄中的声音处理和记录

现场录音工作不仅局限于将麦克风对准某个声源并进行记录，还需要在录音的过程中对声音质量进行实时的调整和优化。这一过程涉及一系列复杂的技术和方法，以确保最终音效的清晰度和层次感。本节将深入探讨这些关键技术，包括麦克风的选择与布置、音波的捕捉与处理、背景噪声的抑制以及音效的后期处理等。通过对这些环节的详细解析，可以更好地理解如何在复杂的拍摄环境中有效地捕捉和优化声音，从而为作品增添更加丰富的听觉体验。只有通过对声音的精细处理与严密监控，才能最终收到令人满意的效果，确保每一个细微的音节都符合导演和听众的期望。

一、声音处理技术

需要明确的是，同期拍摄现场的声音处理技术是为了确保录制到的声音在最大程度上贴近制作需求。其中最基本也是最关键的技术便是压缩和均衡。

（一）压缩器

压缩器是一种用于控制声源动态范围的设备，其存在意义是为了确保声音信号在不同响度间保持一致。例如，当一个演员在近景特写中低声呢喃，而在远景俯视中大声喊叫时，压缩器能够自动调节音量的总体输出，以避免声音因过大而失真，或因过小而被背景噪声所淹没。通过压缩器的应用，声音设计师能够确保每个声音元素在混音中都能被清晰地听到，不会因为音量差异而影响观众的听觉体验。

压缩器的使用不是简单地对音量进行调整，还涉及对参数的精确设置与调控。最常见的参数包括阈值、比率、启动时间和释放时间。阈值决定了压缩器开始工作的声音电平；比率则定义了超过阈值部分的压缩比例，即输入信号与输出信号的对应关系。启动时间指的是压缩器从检测到声音超过阈值到开始工作的时间间隔，而释放时间则是压缩器停止工作的时间。这些参数的调整需要根据具体的声音环境和需求进行优化，才能获得最佳的声音效果。

掌握压缩器的应用对于声音设计师来说是至关重要的技能。首先，通过调节压缩器参数，可以确保对白在不同场景中的一致性，无论是低声呢喃还是高声喊叫，都能在音量上保持和谐。其次，压缩器还能帮助减少声音中的突然变化，增加音轨的平顺度，使最终的音频作品更具专业水准。同时，压缩器的使用还可以增强特定声音的表现力，例如强调某些重要音效或对白，使其在整体音效中更加突出。

压缩器的操作不仅需要理论知识，还需大量实践经验。听觉的训练也是至关重要的一环，唯有通过反复的试验与校正，才能在实际操作中准确识别声音的变化，并做出合适的调整。动态范围的管理并不是机械性的音量调节，而是需要敏锐的听觉判断和技巧性的处理，才能在复杂的音频环境中达到理想的声音表现。

（二）均衡器

声音的频率成分调整需要借助均衡器进行处理。在实际的操作过程中，均衡器常被用于消减不必要的低频或高频成分，举例来说，消减过多的低频噪声，以此来更好地突出人声频段。从事声音调整工作不仅需要掌握丰富的理论知识，同时也离不开敏锐的听觉与长时间的实践经验。通过理论和实践的结合，可在具体的操作中准确判断并调整声音的平衡。

均衡器的主要作用在于优化声音的品质，无论是在录音棚中，还是在现场音响调试中，其重要性都毋庸置疑。例如，在混音过程中，乐器的频率不同，相互叠加可能会产生掩蔽效应，使某些重要音轨被淹没。此时，利用均衡器可以对不同频率进行精细调整，消减过多的低频或者高频，使不同的声音元素更加清晰地展现。

频率成分的调整还涉及不同音乐风格和环境的需求变化。低频是音乐的基础，支撑着整个音效系统，但过多的低频会导致混音浑浊不清。相反，过多的高频成分会使声音变得刺耳。因此，均衡器提供了细致入微的调整手段，确保每个声音元素都能在合适的频段内被表达出来。

（三）噪声消减技术

噪声消减技术在现场录音中扮演着至关重要的角色。任何录音环境中都不可避免地存在各种背景噪声，例如风声、机器运转的声音或人群低声交谈的声响。这些杂音若不加以处理，很可能会影响录音的质量和清晰度。因此，为了获得更纯净的音质，噪声门技术被广泛应用于现场录音中。通过对某些声音进行自动抑制或切断，噪声门有效地将低于设定阈值的背景噪声过滤掉，从而使录音变得更加干净清晰。

然而，尽管噪声消减技术具备明显的优势，但使用需保持慎重。过度依赖或使用不当可能会导致录音出现声音失真的现象。例如，如果过度消除背景噪声，主要的录音目标声音可能变得不自然，甚至失去原本应有的音质和细节。这种情况下，录音中的人声或乐器声可能显得生硬、无生命力，失去了应有的情感和质感。

因此，噪声消减应被视为一种辅助工具，而不是一劳永逸的解决方案。录音工程师需要根据具体环境和录音内容，巧妙地调整噪声消减的参数，以达到最佳平衡。既要有效抑制不需要的背景噪声，又不能影响主要音源的自然声音属性。通过反复调整和细微调节，噪声消减技术才能发挥其最佳作用，确保录音既清晰又真实。

二、声音记录的关键步骤

在声音处理技术中，现场录音的具体记录步骤是一个十分重要的环节。

首先，设备的准备工作。专业录音设备如录音机、麦克风和声卡等必须提前检查，确保其处于最佳工作状态。设备的精确调试也同样重要，以确保录音质量达到要求。现场环境也需要提前评估，选择合适的录音场地，以尽量减少背景噪声的干扰。

其次，录音人员的安排。录音小组需要事先分工明确，各自熟悉自己的任务，确保录音工作顺利进行。录音开始前的测试环节也是必不可少的。通过对录音设备、录音场地和声源等各个方面的测试，可以发现并解决潜在问题，为正式录音做好充分准备。

再次，在正式录音环节中，需要密切关注设备的工作状态和音质。实时监听录音效果可以及时发现问题并做出相应调整。同时，现场的记录人员需要详细记录每一段录音的时间、内容以及相关技术参数，以便后期制作和调整。

最后，录音后的数据处理环节。将录音文件进行备份，并初步整理录制内容，确保所有数据的安全性和完整性。而后进入更为细致的后期处理阶段，对录音文件进行剪辑、降噪和音质提高等处理，以保证最终成品的质量。

三、声音记录过程中的意外处理

在拍摄现场，情况往往复杂多变，许多不可预测的突发状况会影响录音的质量。外界噪声、设备故障等问题层出不穷，使得同期录音工作面临诸多挑战。这种情况下，拍摄团队需要具备超强的应变能力和灵活的解决策略，以应对各种突发事件。比如，当外界突然传来不可预见的噪声，如飞机飞过的引擎轰鸣、救护车的警报声和观众的喧哗声，录音师需要第一时间评估这些噪声对录音的影响。若噪声严重到足以影响录音的清晰度和质量，建议立刻暂停录制，并与导演协商调整拍摄进度。这样可以确保在噪声消失之后再继续录制，从而避免造成损失。

做好充分的准备是降低这些突发情况带来的负面影响的关键。录音师需要在开拍前预先考虑到潜在的噪声源，并与导演达成一致的应对策略。这种提前的规划和沟通至关重要，可以确保拍摄过程更加顺畅。此外，录音师应具备敏锐的判断力，在噪声出现的第一时间迅速作出反应，这样才能更好地保障录音质量。

设备故障也是拍摄现场常见的问题之一。麦克风、调音台、录音机等高精密的电子设备对环境和操作要求极高。一旦发生故障，可能会导致录音工作无法继续进行。为了解决这一问题，录音师需要随身携带备用设备，如备用麦克风和电池，以便在设备发生故障时能够快速更换。这种预备工作可以确保录音工作不中断，从而保障整个拍摄进程的顺利进行。

与此同时，还需定期对设备进行检查和维护。这种日常的维护不仅能延长设备的使用寿命，还能在需要时提供可靠的性能支持。需要注意的是，演员位置的移动也会对声音录制带来影响。演员在场景中移动，可能会导致声音的变化，这要求录音师及时调整麦克风的方向和位置，以确保录音的声音始终保持清晰、自然。如果拍摄场景允许，为演员配备无线麦克风也是一种有效的解决方案。这种设备能够减少由于位置变化而导致的声音波动，从而保障录音质量。

在复杂的拍摄现场，必须具备灵活的应变能力，并做好全面的准备工作。无论是应对外界的突发噪声，还是处理设备故障，或者是解决演员位置移动带来的噪声问题，拍摄团队都需要拥有完善的解决策略和高度的协调配合。这不仅能提高拍摄效率，还能确保录音质量达到预期标准，从而为整部作品的声音效果提供坚实保障。

第六章　声音设计的后期制作

　　声音后期制作是声音艺术创作过程的收尾环节，也是实现声音艺术构思的关键所在。在整个作品的制作中，声音后期制作团队常常面临一系列复杂的问题。前后不一致的录音素材、不匹配的格式、错过的录音机会、错误编号的音频片段、缺乏注释的同期录音场记单、射频干扰、电路静电、数字失真、电平漂移、背景噪声、日光灯镇流器噪声、电源轰鸣等，都是需要解决的问题。此外，还可能遭遇音频工程师能想到的各种潜在缺陷和损伤。为了使整条声轨能够平滑地融合在一起，除了需要创作和运用合适的音效和环境声，还需进行细致的修复和整理。声音后期制作团队必须将同期录音过程中残破的片段悉心收集，并将其重新组合。这一过程不再是简单的拼接，而是更需要富有创造力地对各种声音进行排列和组合，以呈现出最终的声音艺术形象。

　　声音设计师在开展工作时，需要对任务进行细致的分解，确保每一项声音制作的工作都指派到具体负责人。这项工作的参与者形成一个专业的声音后期制作团队，包括声音设计师、对白剪辑总监或对白剪辑师、ADR 总监或 ADR 剪辑师、ADR 工程师、拟音总监、拟音剪辑师、拟音师、拟音工程师、音效采录师、音效剪辑师、音乐剪辑师和混录师等各个岗位。相应地，声音后期制作的具体内容也可以细化为多个部分，下面结合具体内容进行阐述。

第一节 ADR 的使用

ADR，亦称"自动对白录音"或"自动对白替换"，其中"自动"实际上指的是录音师具备对录音设备进行自动编程的能力，能够在特定的时间尺码和特定的画面格数中自动开始和结束录音。因此，国内也将 ADR 称作"后期配音"。

ADR 的应用范围极其广泛，尤其在影视剧制作中尤为重要。其主要用途包括在无法进行同期录音的情况下完成对白录制，为强化故事情节增加新的对白，或在同期录音效果不理想时进行补录。例如，在拍摄现场，导演指挥演员的喊叫声可能掩盖了原本的对白，使原声无法使用；再者，技术问题也可能影响同期录音的质量。此时，ADR 就成为不可或缺的解决方案。

此外，影视剧中的旁白、独白及内心独白的录制，通常也需要借助 ADR。电视节目、影视广告、纪录片等影视作品中解说词的补录与修正，同样依赖于 ADR 技术的支持。正因为如此，ADR 被广泛应用于各种类型的影视制作中。进行 ADR 录制的过程，通常是在专门的录音棚中进行。

一、ADR 的使用技巧

话筒的选择成为 ADR 录音成功的关键因素。ADR 录音师应当准确了解在拍摄现场使用的话筒型号，并在 ADR 配音时使用同样型号的话筒，以确保重新配音的对白衔接自然，与原始同期素材的质感一致。不同型号的话筒会导致 ADR 配音与同期声轨之间的差异明显，从而影响观众的观影体验，甚至影响影片的整体效果。

在影视剧拍摄中，会组合使用无线话筒和吊杆话筒录制声音。针对这种多话筒拾音的状况，许多 ADR 剪辑师开始用两支不同类型的话筒录制配音：一支是传统的吊杆话筒，另一支是悬垂话筒，从而为每句对白提供两个通道的声音。这两个通道的录音都会进行剪辑，并最终进入预混环节。对白混录师则需要决定使用哪个通道的声音，或者将两个通道的声音组合在一起，以实现与同期声轨的最佳匹配效果。无论采用任何音频工作站，使用循环录音技术录制对白的方法基本一致。设置的准确性是整个过程的关键。配音演员与话筒的摆放位置较近，话筒通常以向下的角度指向演员。通常会在演员与话筒之间放置防喷罩，以降低因空气冲击振膜所产生的爆破音的影响。剧本则放在远离话筒的乐谱架或悬夹上，以避免纸张反射或沙沙声对录音的干扰。在现代影视制作中，ADR 技术的应用不仅提高了对白录制和修正的效率与质量，还为影视作品的多样性和艺术表现提供了有力保障。通过精确编程和专业录制，ADR 技术弥补了同期录音的不足，成为后期制作中不可或缺的重要环节。

除此之外，ADR 技术在声效设计和音乐制作领域也具有重要地位。通过 ADR，能够实现对环境音效的高度还原与自定义，创建出更为逼真的音效空间。乐器录制过程中，ADR 亦能确保不同乐器的音质达到精确要求，提高整体听觉效果。例如，在交响乐录制过程中，使用与现场演出环境相符的话筒位置和类型进行录音，使观众在聆听时仿佛置身于音乐厅内。

二、后期的群声录制

在数字音频时代，群声录制成为音频制作中一项关键且复杂的技术。面对影视、广播、游戏和虚拟现实等多种应用场景，群声录制技术不断发展，以立体声和多声道方式挑战传统的单声道录制方法。立体声录制技术不仅增加了声音的维度感，更赋予音频作品多层次的空间感和逼真的沉浸体验。

在先进的群声录制过程中，配音演员会被安排在 ADR 录音棚中按照特定的位置站立，这种空间上的布置是为了获得音场的纵深感和立体感。录音师首先将整场戏的音轨录制一遍，放置在第一、第二轨道上。接着，配音演员需要改变他们的空间位置，同时也要调整声音的色彩和质感，再次进行录制，将录音放置在第三、第四轨道上。如此循环，多次录音，并不断调整配音演员的站位和声音特质，构建出层叠丰富的音效，直到实现预期的群声效果。

所有录音必须保持原始状态，不得添加任何回声或均衡处理，唯一允许的操作是去掉台词或系统噪声。这种保留声音原始特性的做法是为了在后期的混录阶段给混录师更多的调整空间。入混录棚预混的录音若经过多次前期处理，尤其是采用了噪声门或动态扩展等技术，将使后续的信号处理变得异常困难甚至无法进行，影响对白和其他元素的混录效果。

立体声和多声道技术的采用不仅局限于影视拍摄，广播、游戏和虚拟现实等领域同样应用广泛。在广播与游戏音频制作中，立体声原声录制能够使音频内容更加生动富有层次感，为听众和玩家带来更逼真、身临其境的体验。虚拟现实作为一种新兴的技术领域，对立体声和空间音频的需求更为强烈，群声录制成为构建沉浸式虚拟体验的重要环节。通过精准的声场设计和多层次的声音构建，虚拟现实中的场景音效得以高度还原。

此外，在音乐制作中，群声录制也发挥着较大作用。无论是交响乐团的录音，还是流行音乐的现场演出，通过立体声和多声道录制技术，不仅能够捕捉到丰富的和声与乐器层次，更能为听众营造出立体、饱满的音响效果。配合后期精细的混音处理，每一个微小的声音细节都得以保留，使音乐作品在音质和音效上达到最佳状态。

因此，无论是影视、广播、游戏、虚拟现实还是音乐制作，群声录制技术都已成为提高作品音频质量和真实感的核心手段。通过精确的空间布局和多次叠加录音，制作团队能够构建出具有纵深感和立体感的声音世界，为观众、听众和用户带来身临其境的听觉享受。

现代音频制作环境中，多轨道录音设备和高级音频处理软件的广泛使用也为群声录制提供了更多的可能性。音频工程师能够通过数字信号处理技术，对录制音轨进行精细的调整和优化，使得最终的音效更加完美。同时，先进的混音控制台和环绕声技术，也为声音设计师提供了更大的创作空间，能够灵活和精准地实现理想的音频效果。

三、制造非人的人声

在各类场合中，人类的声音常常被用作传达角色的咕哝声、呜声、咆哮声，以及模拟各种动物的叫声，如狗、猴子、猫、猪、马、牛等。口技专家能够模仿公牛巨大鼻孔喷气的声音，还有一些口技专家能创造出难以形容的外星生物的声音。这些专业人士一天的报酬明显高于普通的相声演员。某些电影中的生物角色所需要的声音，甚至需要整支口技演员团队共同合作，制造出各种说话声、呼吸声、鼻息声和喉音。

这种技艺不仅在影视制作中大放异彩，也在其他领域中扮演了重要角色。例如，在游戏开发和虚拟现实体验的构建中，口技专家的能力同样不可或缺。他们能够为虚拟角色赋予逼真的声音，增加互动的真实感，提升用户的沉浸体验。在主题公园和展览馆等娱乐设施中，这类声音制作更是重头戏。这里需要模拟的声音不仅要逼真，还需要带有引导性，使得游客在一个声画一体的环境中体验到互动和惊喜。

广告宣传中也时常采用口技专家的技艺，以吸引观众的注目和兴趣。广告中的背景声音或配音，常常需要突破传统的人类语言表达，以实现更加新颖或夸张的效果，这时候专业的音效师和口技专家就显得尤为重要。声音特效不仅能强化广告的情感冲击力，还能塑造出一种独特的听觉品牌认知度。

在音乐创作和音效设计领域，通过人声模拟非人类的声音也是一种颇具挑战且极具创意的艺术表现手法。音乐人利用这种独特的音效，能为乐曲增添一份前所未有的层次感和氛围感。而在剧院和广播剧的制作中，同样离不开这些独具匠心的声音效果。剧目中的各种非人类角色以及场景所需的声音经常需要专业人士来扮演，从而增强整个作品的表现力和感召力。

第二节　拟音及拟音录音

拟音是一门专门为电影设计和制作特殊音效的技艺，主要在拟音棚中完成。这项技艺旨在为已有的音效进行补充或修改，从而增强电影的音响效果。专门从事这项工作的专业人员被称为拟音师，在国内也被称为音响师。拟音师需要在观看样片的过程中，实时表演诸如脚步声、道具碰撞声以及剧中人物服装摩擦声等各种日常音效。与此同时，拟音录音师会负责录下这些模拟的声音，以确保每个音效都准确无误地同步于影像中。

在一些情况下，拟音棚内还会有一名录音助理协助工作，主要负责提示和记录关键细节，以确保录音过程的顺利进行。录制好的拟音素材最终会交由拟音剪辑师进行剪辑和后期制作，大多数情况下，拟音师本人同时也会兼任这项剪辑工作。该角色的重叠既能提高工作效率，还能确保音效的连贯性和一致性，使观众可以沉浸在电影的氛围中。

一、拟音表演与设计方法

拟音表演包括脚步声表演、道具声音表演以及服装声音表演等多种形式。无论是哪种类型，对于拟音师来说，出色的同步都是最为重要的技能之一，是衡量其自身价值的重要标准之一。

拟音效果可以是单一效果，也可以是组合效果。单一效果指的是没有结合其他音效使用，也没有结合同期声音素材，或处于一个无声场景的拟音。例如，一个纯粹的脚步声或一段简单的物体移动声均属于单一效果。然而，组合效果则复杂得多。当单一效果与其他道具的拟音元素叠加，或者在预混时加入其他拟音和剪辑音效，那么便形成了组合效果。这种组合效果能够在不同的时间和空间元素下，叠加出丰富多样的听觉体验。

组合拟音效果常常需要多位拟音师的合作。在同一时间段内，不同的拟音师在同一轨道上进行表演和录制。例如，当一个人正在转动一根铰链，另一人在同时摆弄链条，制造出复杂的金属摩擦声。抑或是一名拟音师正使椅子发出吱吱声，另一位则同时在地面上摩擦椅子腿，使其发出摩擦声。这种复杂的合作方式，不仅需要各位拟音师拥有高水平的同步能力，还需要他们对声音效果有深刻的理解和掌控能力。在拟音过程中，最为关键的并不是目视上"看起来"像什么，而是通过听觉呈现出"听起来"像什么。声音是影片和音频作品中传达情感和故事场景的关键，无论是步伐的轻重缓急，还是物体移动的细微声响，都需要精细的拟音技巧来呈现。如果一个拟音的效果不能真实且精准地传达出场景中的情感和动作，那么观众便无法真正沉浸其中。

（一）脚步声的表演和设计方法

脚步声的拟音在声音设计中占据重要地位，不仅涉及影视制作领域，还广泛应用于戏剧、游戏制作和广播剧等多个方面。拟音的核心不仅仅是简单的声音替换，更是对情感和氛围的精准捕捉与还原。

在影视制作中，对脚步声的录制有两种主要方法：同期录音和后期拟音。同期录音是在拍摄过程中直接录制各种脚步声。这种方法在声音干净且没有干扰因素时效果较佳。然而，由于复杂的拍摄环境，背景噪声、对白的干扰等，使得同期录音并非总是能理想地解决。尤其是在需要高质量声音的情况下，后期拟音成为不可或缺的手段。一般情况下，拟音师需要注意以下几个方面：其一，拟音师需要具备深厚的专业知识和丰富的创造力。在设计脚步声时，需考虑人物的性别、年龄、性格、体形及场景中的情境。这些因素决定了拟音师需要通过走路的节奏、力度以及脚步的距离来传递人物的情感。脚步声并不仅仅是步频和踩地声的还原，更是对人物心理状态的微妙表现。例如，轻快的脚步可能传达愉悦或急切的心情，而沉重的脚步则可能暗示沉闷或疲惫的情绪。其二，拟音师需要选择合适的道具。拟音师通常会挑选最符合角色特征的鞋子，从普通鞋到靴子、舞鞋、医生护士的鞋各有不同。鞋底材质、鞋跟高度、鞋子的重量等都会影响声音的效果。此外，拟音师需要根据人物所处的不同环境，选择合适的地面材质。在拟音中常见的地面材质包括木地板、地毯、沙砾路面等，这样才能真实再现角色活动时的声音。其三，拟音师的位置和动作也将决定脚步声的质量。拟音师必须在靠近话筒的位置进行拟音，这要求他们掌握在原地不动的情况下模仿自然走动的技巧。步伐的连续性和动作的同步性是确保声音真实自然的重要因素。此外，在没有演员脚部画面的情况下，拟音师需要通过观察肩膀、头部、手部等细节来推测并同步脚步动作，这对拟音师的观察力和反应能力提出了较高要求。对于动物的脚步声，拟音师常采用独特的方法来模拟。例如，狗的脚步声可以用园丁的厚手套来模仿，马蹄声则通过敲击椰果壳实现。而一些灵巧的指甲贴片和手套也可用来模拟多种动物的脚步声。这种设计重在创造出逼真的听感，使听者能够直观地感受到动物的存在和活动。

脚步声的拟音还涉及一些技术上的挑战。不同的麦克风类型和摆放位置会影响音质，拟音师需根据需要选择电容麦克风、动圈麦克风等不同设备。录音环境的声学处理亦不可忽视，为获得纯净的脚步声，常需在专业录音棚内进行录制。此外，数字音频工作站软件如 Pro Tools、Logic Pro 等在后期处理中也扮演重要角色，音频剪辑、音效处理、混音等技术手段均有助于提高脚步声的最终效果。

脚步声的文化和历史背景也丰富了拟音师的工作。不同的历史时期、地域文化中的脚步声各有特色。例如，古代欧洲的贵族舞会中，高跟舞鞋与木地板的摩擦声传达出奢华与优雅；而在中国传统戏剧中，不同角色的进场往往伴随特定的脚步声，如俚俗喜剧角色的夸张脚步声与英雄角色的沉稳步伐形成鲜明对比。这种文化背景需要拟音师深入了解与融合，才能在作品中体现出更深层次的感染力。

在不断发展的技术背景下，拟音师的工具和方法也在与时俱进。例如，虚拟现实（VR）和增强现实（AR）技术的应用，使脚步声的制作面临新的挑战和机遇。在虚拟环境中，脚步声不仅要配合视觉效果，还需随用户的移动实时调整，这对拟音师的实时音效设计提出了更高要求。

（二）道具声的表演和设计方法

一般而言，拟音师在电影、电视节目或游戏中应用的道具声音大致可分为三类。第一类是那些在作品中频繁出现且典型的道具声音，常见于多个场景，例如脚步声、门的开关声等。这些声音往往在各种情境中都能反复使用。第二类声音需要与已剪辑的音效相结合，这一类包括环境音、背景噪声等，通过与其他音效的协调，能够打造更加完整和逼真的音频环境。最后一类则是为特定场景量身定制的独特声音，如怪兽的吼叫声、未来科技设备的运转声等。这类声音通常需要独特的创意与设计才能达到最佳效果。在进行声音选择时，拟音师需要全面考虑，仔细关注作品的同期声风格，还需充分考量作品本身的影像风格，以确保声音与画面高度融合，达到最佳的视觉体验。

1. 地面声音的处理

在涉及地面的声音处理时，拟音师所使用的材料和技术都会极其讲究。无论是在电影、戏剧、广播剧还是其他声音艺术形式中，拟音师都要努力创造逼真的场景音效。

如果作品中的人物走在多沙街道或人行道时，拟音师为了实现最佳的音效效果，在模拟多沙地面时，通常会使用一些特殊的材料来增强真实感。一些拟音师选择在地面上撒一些碎屑，这些碎屑能够很好地模仿沙地的质感。然而，更为常见和效果更佳的做法是使用咖啡渣。这种材料不仅易于获取且环保，还能在地面上提供较好的质感和声音效果。拟音师通常会将这些残渣均匀撒在地面上，然后开始模拟脚步声，旨在创造出一种真实的"细沙因素"。

在制作声音效果时，场景的环境状况也需要慎重考虑。如果声效场景中的街道本身就很脏乱，那么拟音师会撒更多的残渣，以进一步强化这种脏乱的感觉。这种做法有利于观众更好地融入叙事环境，并增强场景的现实感。相反，如果需要呈现一个干净、雅致的街道，尤其在需要表现一个城镇的美丽风貌时，使用的材料则需要精简且讲究。此时，拟音师可能会尽量少使用一些大块的残渣，而是以已经碎成粉末的物质来代替，确保音效不显得突兀，且与干净的环境相匹配。

不同鞋底在不同材质地面上的声音效果也需要特别关注。某些鞋子只有在细沙地面上才能发出特定的声音，而这些精细的声效对于完整音效设计的成功至关重要。无论是胶底鞋所发出的沉闷声，还是皮鞋在沙地上所产生的轻微摩擦声，不同鞋子的选择都会对最终的音效产生明显影响。因此，"鞋元素"也需要在地面的音效设计中纳入考虑范围。值得注意的是，高跟鞋在多沙地面上是非常不适合的，因为它不仅难以行走，产生的声音也难以令人满意。

2. 常用道具的设计和应用

（1）纸张的声音。在影视作品中，有些道具几乎每天都被拟音师频繁使用，其中纸张的场景尤为常见。无论是电影还是电视节目，角色常常手持报纸、复印纸、信纸、便利贴或包装纸等各种纸制品。这些场景或许看似简单，但实际上对于拟音师来说却有着不小的挑战。其一，不同纸张材质所发出的声音存在明显差异，报纸的沙沙声、复印纸的轻盈飒飒声、信纸的脆弱音质、便利贴撕拉时的干脆声和包装纸摩擦时的嘈杂声皆有明显区别。因此，拟音师必须具备敏锐的听觉和出色的分辨能力，才能准确识别和模拟出不同纸张的声音特征。

此外，不同的拟音棚和录音设备对纸张声音的捕捉也会产生细微的变化。拟音棚的声学设计、空间大小、材料吸音效果等都会影响最终录制的声音品质。例如，同一张报纸在不同的拟音棚录制，其声音表现可能会有明显差别。而拾音器的类型、品质、摆放位置等也直接影响到声音的细节捕捉。因此，为了实现最佳的拟音效果，拟音师需要对拟音棚和拾音器的声音特征有深入的了解，并通过反复的试验和调整，找出最适合模拟纸张声音的组合方案。

在模拟纸张声音时，还需注意避免一个声音多次使用的问题。不同纸质的声音不可能一概而论地用一种音效来模拟，这样会导致观众听感上的违和与失真。因此，拟音师需要广泛收集各种类型纸张的声音样本，以确保在不同场景中使用恰当的音效。这不仅可以提高拟音的真实感，还能丰富观众的观影体验，使其更容易沉浸在故事的情境中。

（2）警用道具的声音。当涉及警用道具的声音制作时，包括钥匙、手铐、手枪，以及插在警察腰间的警棍等，都需要进行精细的处理。为了增加真实感并提升观感，通常会使用一些皮质道具，比如小钱包，用来装这些钥匙、手铐或手枪道具。有时，为了增强质感，尤其是在警棍移动明显的情况下，还会额外添加一小块木块，以确保声音效果更加逼真。

在电影、电视或纪录片中，警用道具的声音并不鲜见。这类道具向来是经常用到的，因此需要为主角准备一条单独的声音轨道，而背景中的警察则会用更多的音轨来塑造场景的氛围。为了实现最佳声音效果，这些音轨会被精心调整，而这种细致入微的工作将贯穿整个场景。在此过程中，特别注重钥匙与手铐的声音处理，因为这部分的声音具有独特的冰冷特质，这也为场景赋予了更多的真实感和紧张氛围。

通常来说，金属声音在录制时需要尽可能让其听起来温暖一些。为此，有必要对金属的特性进行修饰，同时在其中加入一些皮质的声音元素，这样可以营造出更丰富的音效层次。

（3）门的声音。门的声音制作是一个复杂且细致的过程。在录制门的声音时，拟音师通常会考虑开门和关门的时间，以确保声音的精准度。然而，尽管拟音师已经做了充分准备，剪辑师仍需要从音效库中选择合适的声音。这是因为不同类型的门和房间对声音的需求各异，因此音效剪辑师需要花费相当长的时间在音效库中进行试听，寻找最适合某个场景的门声。

音效剪辑师既需要考虑到门的种类，还需要注意房间的类型以及场景的具体需求。每一种门都有其独特的声学特点。例如，木质门可能发出沉闷且厚重的声音，而金属门则会产生清脆且尖锐的声效。这些声音差异需要在剪辑过程中被准确捕捉和表达出来。此外，房间的类型也对门声的选择有着直接的影响。一个空旷的大厅与一个狭窄的走廊在声音传播上有着明显不同，这要求剪辑师在选择门声时必须考虑到这些因素。在这种情况下，拟音师还能进一步细化控制门把手的声音。这些细节同样影响着整体听觉体验。例如，精确的门把手声能够增强声音的逼真度，使得听众能够更直观地感受到门的开闭过程。然而，有时候来自音效库的录制声音效果更为出色。这些录制声音经过了专业的音频处理和调校，能够更好地契合某些特定的游戏或电影场景。以游戏声音设计为例，不同游戏场景中的门声不仅仅是背景音效，更是游戏体验的一部分。一个精心设计的门声能够提升玩家的沉浸感，使其更好地融入游戏世界中。无论是恐怖游戏中的吱呀声还是科幻游戏中的自动滑门声，都需要经过精细的声音制作和剪辑。

（4）椅子的声音。当演员在木椅上坐下时，有时会为椅子添加一种特殊的"吱吱声"。通常情况下，制作这一声音效果的主要任务落在拟音师身上。使用一把木椅、一块木板或一个工业托盘，拟音师能够巧妙地模拟出真实的"嘎吱嘎吱"声，这一声音往往带有木制家具特有的音质。与木椅不同，皮质椅子因其材料的特性而产生独特的声音。这种特有的声效由拼接皮质的材质摩擦产生，可以通过扭动皮质椅子、睡椅，甚至简单的皮质钱包也能模仿出来。拟音师在制造这些声音时，强调通过不同的物件来呈现皮质的肌理和声音的丰富层次，从而收到逼真的效果。

　　为了获得椅子的吱吱声，最常见的方法是通过摇晃椅子，这样可以呈现出椅子各个部分在压力下挤压产生的声音。此外，椅子转动所发出的声音则需要实际的转动去实现，这可通过转动椅子的基础部分来实现。同样，椅子翻转的声音则通过真实的翻转动作来获得。这些方法虽然简单，但实用性极强，能够准确地再现各种椅子在不同情境下的声音。如果需要更加戏剧化的声音效果，拟音师可以根据影片的需求进行特别的声音处理。通过音频设备的调整和二次创造，原本平淡的椅子声效可以变得更加具有张力，符合特定的场景需求。

　　（5）恐怖模拟声。恐怖片中的拟音在渲染恐怖氛围方面起着至关重要的作用，其独特的道具运用和声音设计常常令人印象深刻。尽管有一些标准道具常被使用，但每个拟音师都力求在这些基本工具的基础上实现创新和突破，以带来更为逼真的听觉体验。

　　在影片或游戏场景中，为了制造出令人毛骨悚然的氛围，常用芹菜来制造撕咬骨头的声音。这种选择并非偶然，芹菜的纤维质感在被撕裂时发出的声音与骨头断裂的效果非常相似，再加上它简单易得且操作方便，成为拟音师的选择之一。不过，有些时候剪辑师会使用预先录制好的音效，但仍然有许多拟音师青睐于芹菜，因为其自然的声音效果更为出彩。除了撕咬骨头的声音，其他各种恐怖声效也被仔细地模拟和设计。例如，洗手液搓在手上的声音常被用来制造一种黏腻的感觉，让观众感到不适。为此，有时会加入打湿的羊皮声音甚至是嘴巴发出的各种噪声，以增强真实感。一些暴力镜头中使用的撕咬声，则是通过各类肉类的声音来模拟，而且这些声音与电影画面精妙地配合，效果相得益彰。然而，并不是所有拟音师都偏爱使用肉类来模拟这类声音。因为恐怖片的声音设计不仅需要不落俗套，还要尽可能地展示艺术性和创造力。固定的道具虽然可以带来一定的效果，但在音效设计中不应拘泥于此。

最终，多轨录音设备的运用使得这些复杂的声音元素能被准确再现。从芹菜的撕裂声到洗手液的黏腻感，乃至肉类的撕裂声，这些经过巧妙设计和混合的声音在广阔的声场中营造出令人毛骨悚然的氛围。

（6）鸟类拍打羽翼的声音。鸟类拍打羽翼的声音常常需要各种巧妙的道具和手法来模拟。借助两只破旧的芭蕾舞鞋，轻轻拍打是其中一种常见的方法。此外，鸡毛掸子也成为另一种有效的工具，用以再现翅膀振动时的微妙音效。有些拟音师甚至会将这两种工具结合使用，例如，一个人负责芭蕾舞鞋的拍打，另一个人用鸡毛掸子来丰富音效，或者交替使用这两种工具，再将录制的声音分离在不同的音轨中进行后期处理。

除了依赖物理道具，有些拟音师还会通过嘴巴发出的气流声来进一步模拟鸟类的飞行音效。这种多样化的手段，既增强了音效的逼真程度，也拓宽了拟音师在创造声音过程中的想象空间。

（7）玻璃破碎或一些碎片、残渣发出的声音。破碎的玻璃声可以通过剪辑音效和拟音技术来实现。通常情况下，剪辑音效是主要的处理方式，而拟音则用于细节处理，提高声音的真实感。从高处坠落到地面或在剧烈冲突中应声破裂的玻璃碎片，其声音往往成为故事情节的转折点或高潮。

细碎的碎片或残渣声音可以在爆炸、暴力冲突、岩体崩塌以及其他涉及物体坠落的场景中听到。为了模拟这些声音，各式各样的材料都会被用上，如泥土、岩石、嫩枝、硬币以及骰子等。虽然音效采用的材料是多样的，但关键在于材料选择和其使用的环境。

这些碎片与残渣的声音通常会占用多个声轨。有一些声轨中，这些声音是主要元素，而另外一些声轨中，则负责提供较轻或更明亮的音色混合，丰富整体声音的层次感和细节。特别是某些物品掉落到地面时的声音，所选择的道具和地面的材质直接影响最终的声音效果。错误的材料或是不适配的地面往往会导致不自然或不协调的音效，从而破坏整体的听觉体验。

（8）军事设备模拟声。拟音师的任务之一是提高演员或游戏角色身着军事装备的声音表现。为达到这个目标，作品中涉及的背包、配件等都需经过精心润色处理。为了便于道具的管理与使用，各种背包被进行分类，并被妥善放置在个人的道具库中。必要时，部分真实的道具还可以通过道具租赁公司来租用以增强逼真效果。

装弹声和扳机声的处理通常通过剪辑音效来完成，这类素材在音效库中有成千上万种，比在拟音棚中花费大量时间制作更为高效。不过，拟音棚的时间并非总是这样安排。在某些电影制作中，拟音师不仅需要在有限的时间内完成影片的高效剪辑，还面临音效库中素材不足的问题。这时，拟音师需要额外制作备用的声音，以确保音效的多样性和质量。

关于枪械的声音，在现实世界中，某些声音过多的枪械被视为劣质和危险的象征，但在电影中，这些听起来丰富的声效却能增强整体画面的戏剧效果。因此，这类声音在电影中的量度尤为关键。有经验的拟音师往往会用经过安全处理的真枪械来制作声音，但在某些情境下，也会使用各种玩具来模拟不同的枪声。此外，门闩、门把、办公室的订书机和扳手等一些寻常物品，也可以巧妙地用来模拟枪械的声音。

（9）其他声音。滑冰鞋、滑板、棒球棒、高尔夫杆和网球拍等运动装备，其声效都需通过拟音技术来润色。通常情况下，只需选对道具即可实现这一目标。然而，在无法找到合适的装备时，拟音师需要细致分析所需装备的声音特征，并找到适当的替代道具。同样，拍手、接吻、拍背等声音也需要拟音来进行润饰。梳头、刷牙甚至梳理马匹毛发的声音，都是经过精心设计的。这些刷子可能来自商店，也可能是专门定制的道具，目的都是创造更加逼真的声音效果。显然，对各种道具的熟悉程度越高，拟音师的创造力就越强。在制作音效时，拟音师有时需要面对挑战，尤其是在找到特定声音的最佳道具方面。这就考验了他们对声音的敏锐理解和分析能力。例如，当需要模拟滑冰鞋的声音却找不到滑冰鞋时，可以选择一些发出相似声音的物品，如硬质鞋子或塑料物品，通过适当的处理和混音，生成最终的滑冰效果。滑板声音的制作也有类似的步骤，通过木板和轮轴的结合，找到最接近真实滑板动作的声音。

在处理更为细腻的声音时，例如拍手、接吻和拍背声，拟音师会针对不同情景选择多种方式来实现逼真的效果。一个简单的拍手声可能需要使用不同材质的物品来模拟，接吻声则可以通过各种湿润的物体间的碰撞来表现。拍背声音则涉及对力度和材质敏感度的把控，确保每一个细节都能传达出真实感。在日常生活场景中，梳头、刷牙和梳理马匹毛发这些细节的声音同样需要拟音技术来完成。每一种声音的制作过程都要关注不同的细节，例如梳头的声音，可能需要金属或塑料梳子与不同粗细的头发进行多次试验，来找到最为真实的声音。刷牙声则需要在不同类型的牙刷与牙齿间模拟出摩擦声，再加上必要的后期处理，使声音更贴近真实。至于梳理马匹毛发，可能需要使用宽齿的刷子在带毛的表面进行处理，再结合不同软硬度的刷毛来创建最终效果。

3. 服装声音设计

每位拟音师都会备有不同材质的布料，以用于模拟各种类型的衣服声响。尤其是主要的衣服声轨与对白轨道相互结合，在最终混音时，两者的声像位置也会被安排在中间区域。然而，面对一些特殊材质的服装，比如皮夹克或婚礼礼服，则需要使用特定的道具来精准模仿其独特的声音。此外，这部分的声音还需要置于一个独立的音轨中来呈现。

这种采用独立衣服声轨的概念源自鲍勃·拉特里奇。直到20世纪80年代初期，拟音师通常习惯于将衣服握在手中，同时进行脚步声表演。这正是早期拟音技术奠基人杰克·弗雷所采用的方式。然而，鲍勃·拉特里奇引入了一种"新工艺"：在演员行走或有明显的肢体动作和手势时，使用一件衣服进行表演。这种方法能够使服装声音与画面中的对话更加吻合，效果也非常出色。

随着这一工艺的推广，逐渐改变了拟音师的工作方式。先前将衣服握在手中并模仿其移动声音的传统方法，虽然简便但难以捕捉到服装与人体动作的真实互动。而鲍勃·拉特里奇的方法既提高了声音的真实性，也明显改善了声音与画面同步的精确度。因此，衣服声轨独立呈现在混音工程中，成为标准化程序，尤其在高质量的音效制作中得到了广泛应用。

4. 道具声音设计的案例分析

拟音师在电影制作过程中扮演着极其重要的角色，尤其是在需要创造一些看似不可能实现的音效时。他们的创新精神与对声音的独特理解，使得许多经典影片的音效得以达到令人惊讶的地步。以下是一些拟音师在制作过程中展现出的杰出才华，创造出那些令人印象深刻的音效的案例。

在 1982 年上映的电影《怪形》（*The Things*）中，拟音师约翰·波斯特面临一项极具挑战性的任务：为厚实地板下的怪物制作声音。当时的声音剪辑总监大卫·里维斯·尤多提出了一个特定的需求：要在木板崩裂四射至空中的时候，创造出怪物在木板下移动的声音。这对任何拟音师来说都是一个艰巨的任务。然而，约翰·波斯特喜爱这种挑战。他与杜安·亨寒尔合作，将一些木材铺在拟音棚的地面上，类似于多米诺骨牌的排列，两人各站一端，与画面同步操作，拿着木板扳动，并在地板上制造吱吱作响的声音。这样一种创新方式，成功地解决了声音设计的难题。在拟音录制完成后，约翰·波斯特还亲自完成了声音剪辑工作。他将录制的拟音素材放慢了速度，这样的处理方式凸显了缓慢而行的效果，增强了声音的深度和神秘感。这种奇异的音效与充满不祥预兆的感觉完美契合了影片的氛围。

在同一年上映的经典电影《E.T. 外星人》（ *E.T. The Extra-Terrestrial* ）中，拟音师琼·罗维展现了她卓越的创造力。她收到导演的要求，需实现一种"外星人的听起来液态且带有友好感觉，有时候又要有点黏滑"的声音。为此，琼·罗维特意去超级市场试听各种动物肝脏发出的声音，并设法将这些声音处理成外星人体内的声音。为了实现这个目标，她频繁地去拟音棚附近的市场购买一大包动物肝脏以供实验。琼·罗维不仅仅满足于动物肝脏的声音，她还录制了一段包裹在纸巾中的果冻的声音以及一袋爆米花的声音，借以润色动物肝脏的音效。将这三个不同道具的声音巧妙地叠层处理，并同步外星人行走的画面时，琼·罗维成功地为这部电影创造出了独特且合适的音效。

电影《终极战士》的拟音则是由瓦内萨·阿蒙特和罗宾·哈伦合作完成。两位拟音师通过多轨分层录制终极战士的身体声音，以实现逼真的效果。第一轨录制了用湿的羚羊皮所发出的声音，这种材质的声音富有一定的弹性和湿润感。第二轨则是瓦内萨手中洗手液的声音，这一轨道更多地补充了黏滑的质感。第三轨是记录皮质钱包的声音，增加了一种干燥和摩擦的肤感。第四轨由瓦内萨用嘴巴发出的各种噪声填补，这一做法极具创意，并更加丰富了整个声音层次。通过这样多轨的叠加和同步处理，拟音师为终极战士创造出了栩栩如生的音效。

电视剧《大染坊》中的武打器械的声音使用了染坊的红丝绸布。这种设定要求拟音师创造出一些异于常规的武打声效，包括红丝绸布绑人、红丝绸布划破皮肤的声音等。拟音师魏俊华利用刀刃划过丝绸发出的"唑"声，非常巧妙地模拟了红丝绸作为武器的音效表现。他特别注重运用不同厚度、不同层次的丝绸以及不同的刀割力道来表现武器的各种杀伤力。影片中红丝绸发出的飞快的刀刃般的"尖叫"声，如同一把剑飞向杀手，具有鲜明的刺透感，极为真实生动。

二、拟音录音

拟音录音是一项融合了艺术创作与技术支持的复杂工作。录音师的职责包括录下拟音师表演的声音，这个过程中要求录音师具备足够的耐心，能够有效处理拟音棚内出现的各种问题。任何在录音过程中出现的实际问题，并不一定都是录音师需要关注的对象，而录音师则需悉心解决。

一个出色的录音师，需要具备良好的听觉，以确保声音的精准捕捉。而绝佳的视觉同步，则能保证画面与声音的完美契合。此外，熟练的录音技术和穿插录音技术，都是必备的核心技能。理解拟音师的工作，能够和拟音师形成无缝的默契配合，也是录音师需要具备的品质。每一位录音师通常会有一位配合最为默契的拟音师，使得工作更加高效顺利。

现代录音工作不可避免地涉及混录技术，因此，录音师还须掌握计算机音频工作站的各项操作及其支持的各类第三方插件。这种技术需求使得录音师在时间和经费有限的情况下，也能够有效地完成工作。此外，初期的混录工作常常也是由拟音录音师来完成，这进一步扩展了录音师的工作范围，使其综合能力更加全面。

三、拟音剪辑的工作重点及注意事项

拟音剪辑技术与音效库的音效剪辑技术截然不同。拟音剪辑师的核心工作是对已经完成的表演、录制的拟音素材进行修剪，以便从一个提示点更为顺畅地过渡到另一个提示点，而不是为整个场景设计和创作音响效果声。这种过程注重的是精修，而非全新创作。

在拟音剪辑领域，有一条重要的原则，即"剪辑越少则越出彩"。这意味着，通过减少不必要的剪辑，能够实现更高的艺术水平和技术表现。因此，经验丰富的剪辑师通常会遵循某些惯例，以确保剪辑过程顺利进行。

第一，必须对所有提示进行全面审查，不可立即动手剪辑。过早修正略有不同步的部分是一种不良的倾向，因为一旦开始剪辑，可能会影响余下的提示。鉴于这是一个表演，剪辑师至少需要两次完整地观看整个表演，以明确最佳剪辑点、同步的难点以及视觉重点所在。对于声音的每一个细微之处，尽量避免罗列每一个声音，而应更关注表演在故事情境中的重要性。

第二，需考虑到场景中即将出现的环境声音。例如，当脚步声独立存在时，与对白共存的情形相比，其重要性更加突出，因而对剪辑要求更高。在剪辑过程中，电平值的调整不会在剪辑时完成，而是在最终混音时进行，因此无须刻意修正剪辑时的电平。

第三，在审查完场景的情境提示后，需要注意同步问题。如果发现同步偏差，应先检查是开头部分还是整个拟音存在略微的整体滞后，这是最常见的问题之一，但却是最容易修正的问题之一。可能只需将整个拟音素材提前两帧，即可实现完美同步。不过，有些拟音师在同步上可能没有规律可循，某些脚步声音的同步可能相当不错，但某几步明显提前或滞后，随后又恢复同步。如果遇到这种情况，应仔细查看不同步的脚步声，是否可以通过一次剪辑移动来修正，而不是逐一剪辑每一个步点，这样做是为了避免破坏拟音的内在韵律。

第三节　资料音响的挑选

在"拟音及拟音录音"中，已经初步探讨了通过手工方式模拟和录制声音，以弥补或加强画面效果。无论是通过独特的道具发出真实感十足的脚步声，还是用意想不到的材料重现特效音，这些创意过程极大地丰富了声音设计的表现力。然而，手工制作和录制音效并非总是最佳或者唯一的选择。在声音设计的后期制作过程中，另一个重要的环节就是资料音响的挑选。

　　在现代电影、电视以及其他多媒体作品的制作过程中，频繁使用音效库是一种常见的音效处理方法。音效库中包含了大量预先录制的声音素材，这些文档通常非常详细地描述了声音的来源、使用场景以及最佳的应用方法。对一个声音设计师来说，熟练掌握音效库的管理和音效资料的挑选技能至关重要。以下是关于如何有效挑选和使用资料音响的详细探讨。

一、音效库的分类和管理

　　音效库的管理是音像资料筛选的基础。无论是自主采录的音效素材，还是通过购买获得的商业音效库，井然有序的管理方式能够明显提高工作效率。有效的管理不仅能够节约时间，还能提高整体项目的制作水平。音效库通常会按照多种方式进行分类，其中最常见的几种方法包括依据声音性质、使用场景和声音特点进行分组。

　　按声音性质分类时，一般会把音效库分为环境音、效果音、对白等多种类型。环境音可以进一步分为自然环境音和人造环境音，自然环境音包括雨声、鸟鸣、风声等，而人造环境音则涵盖城市的车水马龙声、地铁的轰鸣声等。效果音通常包括一些特定事件或活动的声音，像是爆炸声、脚步声、枪声以及撞击声等。对白则是演员或配音演员的发言和对话，其管理也有其特定的要求。

　　使用场景的分类则包括了城市、乡村、夜晚、战争场面等。城市场景的音效通常包括街道上的噪声、车流、人声等，这些音效能够还原一个生动的都市环境。乡村场景则可能包含鸟鸣声、流水声、树叶的沙沙声等，给人一种宁静和谐的感觉。夜晚的音效可能包含虫鸣、风声等，营造出夜晚的氛围。而战争场面的音效则更为壮观和复杂，包括爆炸声、枪声、士兵的呐喊声等，能够极大地增强影视作品的紧张感和逼真度。

另外，还有声音特点的分类，例如低频、人声、高频、律动感等。低频音效通常指的是那些紧密而深沉的声音，如雷声、低音炮等；人声则包括各类人类发声，无论是说话、唱歌还是呼喊；高频音效则常常表现为尖锐、清脆的声音，如铃铛声、鸟鸣声等；律动感则涉及节奏感强烈的音效，比如鼓点、心跳声等。这种分类方法能够帮助声音设计师快速定位特定声音特质的音效，便于在创作中进行迅速选择和应用。

为了更高效地管理音效库，可以对音效文件的命名和标签进行完善。可采用详细且富有描述性的命名方式，每一个文件名称不仅仅是简单表明音效的类型，还包含了声音的具体特征和适用场景。这种详尽的命名方式使得在查找音效时，能够一目了然地知道每个音效文件的具体内容，大大节省了时间，提高了效率。

专业的音效管理软件，例如 Soundminer 或者 BaseHead，可以进一步提升音效库的分类管理效果。这些软件通常具备强大的搜索功能，可以依据关键词、标签等进行快速定位。标签功能则允许用户为每一个音效文件添加多个描述性标签，便于分类和搜索。预览功能使得不必打开文件便能听到音效内容，而批量处理功能则能够对多个文件同时进行操作，无论是格式转换、重命名还是添加标签都能轻松完成。

二、音效的层次与叠加

在音效设计中，单一的音效片段往往过于单薄，缺乏真实感。为了增强声音的丰富性和层次感，声音设计师经常采用多重音效叠加的技巧。这种方法与音乐的编曲颇为相似，通过对不同频段、不同性质的音效进行组合叠加，最终形成一个富有层次和动态的声音环境。

创造一个森林场景的背景音效时，单单一种鸟叫声远不足以表达大自然的复杂和生动。需要将多种音效进行有机的叠加。首先，低频段的风声是基础，它为整个音效提供了一个柔和而持久的背景。风声这一低频音效可以模拟树叶在风中飘动的感觉，给人一种整个森林在呼吸的感觉。在低频段的基础上，加入蝉鸣声和各种虫鸣声，不仅丰富了音效层次，还进一步强化了森林的自然氛围。这些声音在低频段和中频段间切换，自然地过渡，增强了真实感。

在中频段，需要增加的是树叶的沙沙声和落叶的声音。这两种音效能够增加环境的细节，使得音效更加饱满。这类声音通常具有较高的动态范围，可以在音效的叠加中起到缓冲和过渡的作用。树叶的沙沙声和落叶的声音能够模拟树枝间的风吹动，通过细微的变化为整体音效增加了层次感与现实感。

高频段的音效主要以鸟叫声为主。这种高频和清脆的声音可以成为整个音效的点睛之笔，它们在整个音效环境中起到了引导听觉的作用。鸟叫声带有很强的自然辨识度，能够快速地让人联想到森林环境。高频音效的加入不仅增添了声音的丰富性，而且通过对比使得低频和中频段的音效更加鲜明，形成一个完整和谐的声音画面。

在音效叠加的过程中，音量的调节至关重要。将背景音效的音量适当调低能突出主要的声音效果，使观众更加关注关键音效。例如，将风声和蝉鸣声的音量适当调小，使树叶的沙沙声和鸟叫声更为突出。这种调整不仅使得音效层次清晰，还避免了某些声音过于突兀而分散听觉注意力。

播放长度的合理分配也是多重音效叠加的关键所在。长时间的背景音效如风声和蝉鸣，要与短时间的树叶沙沙声和鸟叫声协调好。通过控制各个音效的持续时间，使得整段音效听起来既不会显得冗长也不会显得杂乱。长时间音效为空间创造了稳定的背景，而短时间音效则为音效带来了生动的点缀。

频率调节能够帮助平衡各个音效之间的音频分布。通过调整频率，可以避免各类音效混杂在一起产生不和谐的效果。例如，将较为主要的音效频率设置在一个突出的频段，而将次要音效的频率分布在其他不相冲突的频段。这种频率分布可以使各类音效各司其职，在同一环境中形成自然和谐的声音画面。

三、版权和使用权限的注意事项

在后期制作领域中，音效库资料的版权和使用权限是一个需要特别关注的问题。声音设计师需要全面了解所使用音效的合法授权和使用范围，确保在创作过程中不侵犯版权。商业音效库通常会提供多种类型的授权，诸如个人使用、商业使用、广播级授权等，这些音效的价格和使用条件也各有不同。

选择正规且信誉良好的音效库资源，是避免版权纠纷的重要举措。知名音效库可提供清晰明确的授权协议，能够为声音设计师在创作过程中提供法律保障。每个音效文件通常会附带详细的使用说明，仔细研读这些说明也是确保合法使用的重要步骤。同时，记录购买音效时的相关凭证，也是一种降低版权风险的保险做法。

大型制片厂和大制作公司通常会有自己的专属音效库，这些独立的音效库资源丰富且具有独占性，能够很好地避免因版权问题引发的纠纷。然而，对于中小型制作团队来说，购置合适的市场音效资源仍然是主要的选择。市场上提供的音效库资源虽然需要支付费用，但提供了多样化的选择和灵活的授权方案，适合不同规模和需求的制作团队使用。

深化理解和掌握如何在后期制作中有效筛选和使用音效资料，能够明显提高声音设计的专业水平。通过对不同音效资源和授权类别的详细了解，声音设计师能够在创作过程中做出明智的选择。例如，对于一部需要广泛传播的影像作品，商业使用或广播级授权显然是必要的，而对于非商业或个人项目，个人使用授权则足以满足需求。

音效的选择不仅关系到合法使用，更直接影响到作品的整体质感。一个精确挑选的音效，能为作品增添不可或缺的细腻和丰富性。声音设计师在创作过程中，每一个细致入微的选择和调整，都在为作品注入生命，提升观众的视听体验。合适的音效，不仅能准确地传达画面情境，还能放大情感，增强叙事情节的感染力。

因此，在声音设计的整个流程中，合法使用音效库资料是一个不可忽视的环节。从选择正规音效库，到明确授权类型，再到记录购买凭证，每一步都是确保合法使用的关键步骤。而对于中小型团队来说，灵活运用市场上的音效资源，同样能够达到高专业水平的声音设计目标。

第四节　音效采录

一、音效采录清单的制定

音效采录是一项需要详尽准备的工作任务。在开始这项工作之前，首先要列出一份详细的音效采录清单。这份清单的制定基于声音设计师在浏览完资料库中的音效素材和同期音效后做出的判断和选择。这一清单应极其详尽，明确每一种所需声音的具体要求，无论是音效的种类、声音所在的场景，还是需要使用的设备，所有这些细节都不容忽视。

在这份清单中，首先需要确定所需的音效种类。音效种类可以多种多样，从环境音效到特效音，从自然界的声音到人工制造的声音，每一种音效都有其特定的用途和表现效果。环境音效可能包括风声、雨声、鸟鸣声等，而特效音可能需要爆炸声、机械噪声等。这些音效的选择不仅要考虑到实际需求，还要保证音效的质量和适用性。

然后是音效所在的具体场景。不同的场景需要不同的音效，一部电影中的音效和一款游戏中的音效需求是完全不同的。比如，一部战争片可能需要大量的爆炸声、枪声和脚步声，而一款冒险游戏则需要更多的环境音和互动音。这些场景的划分和描述需要尽可能详尽，以便在实际采录过程中能够准确还原所需的声音效果。

设备要求也是音效采录清单中的一个重要部分。不同种类和场景的音效需要使用不同的设备进行采录。比如，录制高质量的环境音效可能需要高保真录音设备，而录制特效音可能需要特制的麦克风和其他辅助设备。此外，设备的选择还需要考虑到采录环境的影响，比如，室内和室外录音设备的不同，以及不同天气条件下录音设备的适应性。

二、选择合适的场地

音效采录之前需要选择一个合适的场地。场地选择需要考虑多个因素，比如录音时间、交通状况、联络信息和授权等。

（一）录音时间

一天中的不同时间段都会对录音产生不同的影响，选择合适的录音时间将对最终效果产生重要影响。从广义上来讲，夜间通常是进行录音的理想时段，因为此时环境中的背景噪声往往较少。然而，这并不意味着夜间录音总是可行的。很多录音场地的所有者可能并不允许在深夜进行录音工作，这使得夜间录音的计划常常受到限制。

白天的录音则面临不同的挑战。交通噪声是一个不可忽视的问题，尤其是在城市环境中，车辆的轰鸣声、喇叭声以及人群的谈话声都可能成为干扰录音质量的重要因素。尽管白天的自然光线和环境便于工作，但这些外部因素必须纳入录音计划的考量之中。而在夜间，尽管人为噪声减少了，但自然界的声音依然存在。例如，昆虫的鸣叫、鸟类的啼鸣以及其他夜间活动的动物声会对录音产生干扰。这些自然音效虽然对生态环境有独特的美妙之处，但在追求纯净音质的录音工作中却可能成为不受欢迎的背景噪声。

因此，在规划录音工作时，提前考察预订的录音场地是非常必要的。了解不同时间段内场地的声学环境，可以帮助预判潜在的噪声来源并制定合适的录音策略。选择合适的时段进行录音，有时候甚至意味着在特定的时间间隔内进行多次尝试，以找到环境噪声最少的时段。此外，与场地所有者进行沟通，了解其对于录音时间的规定和限制，也将有助于顺利安排录音计划。

（二）交通状况

无论是铁路、民航航线还是高速干线和道路，都可能产生不同程度的噪声，这些噪声足以对录音质量产生破坏性的效果。例如，汽车引擎的低频声，以及火车和飞机的突然到来，都会对录音造成严重干扰。声音的纯净对于录音来说至关重要，而交通噪声会使录音的整体质量受到影响。

在此情况下，录音场地的选择显得尤为重要。理想的录音场地应该远离任何可能产生噪声的交通线路。然而，现实情况常常不尽如人意，许多情况下，无论是较为偏僻的乡村还是市中心地段，都难以完全避开交通噪声。尤其是在城市拍摄中，噪声污染几乎不可避免地成为日常生活的一部分。在噪声已经成为摄录现场的一部分的情况下，有效的噪声控制举措十分关键。应尽量选择那些交通噪声影响较小的时段进行录音。例如，可以选择交通较为稀少的夜间或清晨录制，避开繁忙的通勤时段。此外，也可以在录音时配备高效的降噪设备，包括高指向性的麦克风、声屏障等，尽量减少环境噪声对于录音作品的影响。

若交通噪声无法完全避免，在噪声较小的时段继续录音作为应对策略也值得考虑。当交通噪声出现时，可以暂停录音，在噪声消失后继续，这样可以尽可能保持录音的清晰度与纯净度。同时，后期处理也可以通过软件降噪技术进一步优化录音效果，但期望不要过高，最好从源头控制噪声的影响。

（三）联络信息和授权

录音开始之前，与场地的所有者或管理者进行有效沟通是必不可少的。在这种交流中，需要详细陈述录音的具体需求，因为不同场地有可能会有不同的设施环境，这可能影响到录音的效果。例如，某些情况下，可能需要暂时关闭背景音乐、供暖或制冷系统以及照明设备，以确保录音环境的宁静和声音的纯净。这种细致的环境调整，有助于避免不必要的噪声干扰，让录音的每一个细节更加清晰准确。

获取录音许可也是不容忽视的一步。这不仅是对场地管理规定的尊重，也是在合法合规的前提下进行专业工作的基本要求。在与场地所有者或管理者沟通录音需求时，务必要明确得到其口头或书面的授权许可，以确保接下来的工作能够顺利进行，而不会中途因为各种可能的管理问题而被迫终止。

同时，在录音过程中，如果有突发状况或需临时调整录音安排，能迅速联系到相关负责人尤为重要。为此，建议保存场地所有者或管理者的联系方式，包括详细的姓名和电话号码。这不仅在录音进行时可以提供方便，即便是在录音结束后，如果需要对某些录音细节进行再确认或后续调整，也可以快速找到相应的联系人进行沟通。这种信息的留存，能够为整个录音项目提供更加稳妥的保障，确保在执行过程中遇到任何问题时，能够及时找到解决办法，从而顺利完成录音任务。

三、音效采录方法

音效采录的方法会因采录声音类型的不同而有所差异，这里以常见的动物音效、汽车音效和飞机音效为例，分析其音效的采录办法。

（一）动物音效

采录动物音效是一项极具挑战性的任务，原因之一在于动物发出的声音通常非常细微。动物的走路声和叫声都相对轻微，这就对录制环境提出了极高的要求。大多数人会选择在拟音棚中进行动物声音的采录，因为在这个可控的环境中，可以避免许多外界干扰。然而，并非所有动物在陌生的拟音棚中都会表现得自然。有些动物会因为环境的改变而表现出不寻常的行为，这种情况无疑会影响音效的采录质量。

除了环境的挑战，驯兽师的存在有时也会成为令人意想不到的干扰因素。在指挥动物时，驯兽师通常会使用口哨、拍手或者口令来发出指示。然而，这些人为的声音很容易被录音设备捕捉到，从而影响最终的音效质量。这类噪声对于想要得到纯粹动物声音的人而言，是一种不可忽视的干扰。

（二）汽车音效

汽车音效的采录是一项细致且复杂的任务，需要将各种动作分解为多个独立的音效素材。一个典型的汽车音效系列通常包括许多相对单一的声音元素。例如，在录制"汽车机械音效"时，需要涵盖一系列具体操作，如打开和关闭后备厢、抬起和放下发动机盖、各种车门操作、上车和下车、拉开和扣上安全带、车窗升降、紧急刹车等。此外，涉及的音效还包括汽车启动和不熄火停车、汽车启动开走、汽车从远处驶近停车、汽车通过以及汽车特技行驶等。这些音效的录制不仅需要精准捕捉各种机械和环境的声音，还要保证每个音效在不同场景中应用时具有高度的真实感和贴合度，从而为观众或用户提供身临其境的听觉体验。

（三）飞机音效

采集飞机音效与录制汽车音效有相似之处，其中涉及引擎启动、空转、关闭的声音以及启动后转速变化的音效。然而，两者之间也存在明显区别。录制飞机音效时，话筒位置的选择很重要，需进行精确调整，以确保捕捉到最纯粹、最强烈的声音，同时还要保障工作人员的安全，防止遭受喷气式飞机气流的伤害。这就要求录制人员在场地布置时高度谨慎，既要靠近飞机获取清晰的声源，又要保持足够的距离以避开急速气流。团队还需使用专业设备，例如能够承受高音压级别的录音话筒和防风罩，以保证音效的细节不被风噪声覆盖。在录音的过程中，每一个细节都需准确把控，从话筒角度到记录参数，如此才能最终获得高质量的飞机音效，为后期制作提供充足的素材。这类声效的采录不仅技术要求高，还需要团队成员具备丰富的经验和高度的合作精神。

当然，在某些情况下，还可以采用以小见大的方法进行录制，可以通过小道具来表现大物体的声音。例如，大个的金属链条不一定会发出大的链条声音，反而可能发出令人沮丧的笨拙声响。通过去五金店寻找尺寸合适的金属链条，尤其是铜或铜合金的小号链条，在录音机上通过话筒听拖动的声音，常常会获得满意的效果。

第五节　声音剪辑

声音剪辑涉及对不同声音元素进行处理和调整，包括同期对白、ADR、群声、现场录制的音效、特殊音效、档案音响以及音乐等。这个过程需要对各个音轨进行精细的剪辑，以确保最终混音的清晰度和一致性。

一、同期对白剪辑

同期对白剪辑是一种隐藏在幕后却很重要的艺术形式。如果工作达到预期效果，观众将完全无法察觉任何剪辑痕迹。这种剪辑不再是简单地对齐画面、填补对白空白或去除咂嘴音及不必要的噪声，而是一种对演员表演的进一步修饰及优化。顶级的对白剪辑师通常会仔细检查备用镜头，寻找语气更佳、发音更清晰或能够提升对白质量的录音片段。为了使声音剪辑效果更好，可以从以下几个方面入手。

（一）摆放好对白声轨的顺序

在进行同期对白剪辑时，为了确保对白和其他音效的清晰度和效果，需要遵循某些特定的程序和方法。其中，合理地摆放对白声轨的顺序是对白剪辑工作的核心和基础，这不仅有助于提高对白的质量，也能使之后的混录工作更加顺利和高效。

　　对白剪辑工程文件中的第 1 轨通常放置的是画面剪辑师的工作声轨，也被称为参考声轨。参考声轨有两个主要用途：一是用来对齐调整 OMF 文件，使之能够与画面同步；二是为 ADR 配音提供参考。如果参考声轨的导入电平过低，可以通过音频工作站中的增益调整选项将电平提高到合适的水平。

　　在实际操作中，大多数使用音频工作站的对白剪辑师会力争将对白轨的数量控制在 8 个以内。通过双击音频轨名称，可以修改该轨的名字，比如重新命名为对白 A、对白 B、对白 C、对白 D 等。对白轨的具体数量可以根据剪辑师的需要进行调整。此外，还可以创建几个额外的音频轨，分别命名为"暂时不需要的对白"和"同期音效"。有些对白剪辑师甚至会使用多条暂时不需要的对白轨和多条同期音效轨。

　　暂时不需要的对白轨的功能是放置那些虽然是画面剪辑师使用过的，但对白剪辑师没有在 A、B、C 主轨中使用的所有声音。这就意味着位于这些轨道上的声音不会在对白预混中使用。然而，画面剪辑师剪好的任何同期声轨都不应被随意删除，因为画面剪辑师可能会突然需要用到这些声音。暂时不需要的对白轨中通常包含一些不适合用于最终声轨的对白，或者是需要用配音替代的对白，也包括那些噪声杂声过多无法用于预混的对白。

　　同期音效轨则是用于放置从同期录音中分离出来的有价值的音效，很多时候，这些音效还会被收集到声音资料库中，以备将来使用。

　　不同的对白剪辑师在分配对白素材时采用的方法可能各不相同。在一些以角色为主的影片中，通常会有较好控制的对白录音。对白剪辑师经常会采用这样的分配方法：把某个角色的对白放到对白 A 轨，把另一个角色的对白放到对白 B 轨。对于那些在可控环境（如摄影棚）内拍摄的影片来说，这种方法是非常方便的，但对于那些在复杂场景（如行驶中的汽车、城市街道、实际的室内场景、办公室局部等）拍摄的影片来说，就不能使用这种一角一轨的方法了。

在复杂场景拍摄的影片中，对白剪辑师会选择根据录制条件相同的声音来进行分类，把录制条件相同的声音放到同一对白轨上。这样做的意义在于，避免在不同环境中录制的声音互相干扰，从而保证整体声轨的连贯性和一致性。

此外，对于一些特殊的对白轨道，例如笑声、叹息、喘息等情绪化音效，可以考虑单独处理。这些音效虽然短暂，但在对白中起到了重要的情绪铺垫作用，因此应在相应位置插入适当的轨道，并及时调整音量和效果。

对白的混录过程还需要考虑音效和音乐的配比。在对白音轨布置完成之后，应创建一些额外的音轨，用于存放环境音效、背景音乐以及特殊效果音等。在进行音轨混录时，确保对白的清晰度是首要任务。对白音轨应始终保持在适当的音量水平，确保观众能够清晰地听到每一句对白。

在完成对白音轨的布置工作之后，对整个工程文件进行详细的检查和校对。确保每个音轨上的声音都已经按照预期放置，并且所有音轨的名称和编号都清晰明了，方便后续处理工作。在最终保存工程文件之前，建议进行一次预混录，听取每个音轨的效果，确保没有遗漏和干扰。

（二）切除杂声

在对白剪辑的过程中，切除咂嘴声、口腔声和其他不需要的杂声，是提高音质的重要环节。未经过任何修饰的声音往往显得粗糙，其中的咂嘴声、口腔啪嗒声等不仅令人分神，还显得格外奇怪。这些声响多由面部活动产生，处理这些杂声便成为对白剪辑师的一项重要任务。细致分析这些声响的来源，是确保对白质量的关键。

对白中的咂嘴声可分为多个原因。一些咂嘴声是演员表演的一部分，表现出的情感或情绪在此时显得尤为真实；而另一些咂嘴声则是由于紧张造成的非自愿反应，甚至有可能是因假牙松动或表演过火引起的。对于这些不同来源的咂嘴声，剪辑师要进行细致的判断，并确定哪些咂嘴声需要保留，哪些应被剪除。只有这样，才能保证对话听起来自然且无干扰。

处理口腔啪嗒声等不需要的杂声，最常用的方法是将这些声音剪掉。为了不让对白听起来有明显的剪辑痕迹，通常会用同期录音时收录的环境声进行填充。这些环境声包括静场音或房间空气声等，通过合适的衔接，使整体声音更为和谐流畅。即使是微小的杂声，处理不当也会显得突兀，影响观众的听觉体验，因此合理地修复和填充是音频剪辑中的重要环节。

（三）做好同期音效准备

在对白声轨的处理过程中，有时需要将部分同期音效单独分离出来，用于国际声带的制作。这些同期音效可能包括环境中的自然声、特殊音效以及其他非对白的声音元素。对于那些不希望留在对白轨中的同期音效，比如那些导致声音变得浑浊、不清晰或者削弱某一特殊音效的声音，应当进行剔除，并合理地填充相应的环境声。这种处理方法可以确保最终声轨的清晰度和音效的纯净度。

当面对必须从对白轨中剔除的同期声时，将其移至暂时不需要的对白轨道是常见的做法。这样做的主要目的是保留这些声音，以备后续可能的使用，同时避免对白轨道的音效混淆。接下来，需要处理在对白轨上留下的空洞。这个步骤非常重要，因为未填补的空洞不仅会影响听觉的连续性，还会显得非常突兀。

为了实现无缝衔接，剪辑师通常会选取合适的环境声来填补这些空洞。环境声的选取需要高度的专业性，既要符合场景的整体氛围，又不能干扰对白的清晰度和逻辑流程。举例来说，若剔除的是一段背景的风声或城市的喧嚣声，那么填补的环境声应当与原始场景相匹配，确保听觉上没有突兀感或不连贯之处。

（四）创建那些没有的声音

这一点在影视、纪录片、广告等特写镜头中常用。在拍摄过程中，某些特写镜头中的对白常常会因各种原因受到破坏，此时需要发挥创造力和技术手段，用其他景别的声音来替代，以恢复作品的整体效果。

要实现这一目标，首先必须确保选取的替代声音能够与特写镜头中的口型精准匹配。这不是简单地寻找一段对白插入，而是要求在语调、节奏和音质上都与原画面高度一致。对每一帧画面的仔细观察与分析，使得替代声音和画面的完美配合成为可能，从而避免了观众因声音和画面不同步而产生的违和感。然而，真正使这一过程具有挑战性和价值的不只是技术上的问题，还在于如何保护演员的表演和语调。每位演员在表达角色时，都会通过语调的变化传递情感和内心世界。因此，创建那些没有的声音时，必须深入理解演员在当时场景下的情感状态与表现方式。需要做到既能让声音与画面同步，还能和演员真实表演时的语调完全一致，使观众能够感受到演员的真情实感。

（五）创建填充声

对白剪辑师在处理影视、纪录片等作品中的声音时，最为费力的一项任务便是搜集优秀的同期录音中的环境声，以供填充所需。平滑的填充声至关重要，因为其既能在对白缺失的地方显现出自然的效果，同时也能在构建场景的整体环境氛围方面起到关键作用。要使整个影片的声音融合得天衣无缝，需要在各个音轨之间确保连贯和平衡。

环境声的专业处理需要关注多角度话筒拾取的声音变化。如果每个角度拾取的声音差异甚大，不论是音色的不同，还是一些外部的声源，例如空调出风口的呼呼声、车流的喧嚣，以及荧光灯镇流器的嗡嗡声，这些变动过于频繁和剧烈的声音都可能打破观众的沉浸感。因此，对白剪辑师不得不通过精心挑选和润滑处理的环境声来填补这些差异，从而使对白更加流畅。

环境声同时也是场景真实感的基础。不同场景需要不同的背景声以增强其特定的氛围，例如咖啡馆里的低语交谈和咖啡机的轰鸣、街道上的人来车往与商业繁华的喧闹、郊外草丛中不时响起的昆虫鸣叫，这些声响需要在录制和剪辑中被细致处理，才能体现出场景应有的生动和真实。

（六）均衡处理并设置音量变化

在对白剪辑中，音量变化线常用来对音量进行细微调整，以确保对白流畅，同时避免因环境噪声或发音问题产生的音量突变。然而，进行任何信号处理则需更加谨慎，因为贸然处理可能会在后期无法纠正，从而对最终混录效果产生不利影响。因此，信号处理通常由专业的对白混录师在混录棚中完成，其拥有先进的设备和丰富的经验，可以确保处理后的声音达到预期效果。随着音频工作站技术的不断进步，混录棚的配置也愈加普及，许多对白剪辑师开始在具有专业声学环境的剪辑室中工作。这些剪辑室既能提供高品质的剪辑和素材准备工作，还使得对白剪辑师能够承担更多任务，包括一定程度的信号处理。在这样的环境中，通过先进的音频处理软件，剪辑师可以对音频进行必要的均衡处理，调整频率响应以优化对白的清晰度和音质。

有关于音量变化线的设置，其在对白处理过程中也显得尤为重要。通过巧妙的音量调整，剪辑师可以平滑处理对白中的音量变化，从而提高对白的自然流畅感。在剪辑过程中，将音量变化线应用于不同对白片段之间的过渡，有助于消除突兀的音量跳变，使观众的听觉体验更加舒适。此外，音量变化线还能在不同音轨之间进行细致的音量协调，使混录中各个声音元素和谐统一。

然而，在进行这些处理时必须保持谨慎，因为过度处理可能导致原始信号的不可逆损毁。为了保证最终音效质量，在提交到终混棚之前，需要对预处理的对白声轨进行严格审核。这样既能确保对白拥有最佳的声学表现，还为混录师在终混棚中的进一步加工奠定了坚实的基础。

二、ADR 剪辑

ADR 是一种后期制作技术，用于电影或电视制作中，替换或增强原有的对白声轨。其操作虽然看似简单，但实际中需要的精细度和技巧不可忽视。ADR 配好的声音并不像同期对白那样完全与画面同步。即使使用相同的台词，节奏和时间上也会存在一定的差异。

一些演员在 ADR 配音上表现出色，剪辑师只需将这些演员的 ADR 配音导入工程文件，并与同期对白声轨的波形对齐，这称为"波形对齐技术"。波形对齐后，再将配音与画面一同回放，此时声画通常能够准确同步。然而，某些情况下，无论剪辑师如何前后移动配音，依然无法对齐口型。句子中间或尾部时常会多出一些音头或音尾，这些多余的声音可能会破坏整体的听觉体验，需要仔细修正。

为了解决这些问题，剪辑师必须具备对人类说话时嘴部活动的细致观察能力，能够准确分析演员发音时嘴唇的动作。灵活运用这项技能能够大幅提升声音与画面的匹配度。在处理口型同步时，一个重要步骤是寻找字的辅音。辅音发音时嘴唇的变化较为明显，通过判断何时嘴唇开始闭合或张开，能够更精确地确定音节的起始和结束，从而实现更逼真的口型同步。

现代技术的发展使得计算机软件成为 ADR 剪辑的重要辅助工具。软件可以通过计算波形的相似度来匹配配音和同期声轨，使其达到更高的同步精度。具体来说，软件分析声音的波形特征，将其与对白声轨进行对比，然后根据匹配结果调整配音的位置和速度。这种方法不仅节省了大量人工时间，还提高了最终的音频同步质量。

在实际操作中，剪辑师常常需要在专业的音频编辑软件中进行手动调整。例如，有时配音波形会与同期声轨的波形看似对齐，但在实际回放中却发现因发音习惯不同，导致某些音节存在微小的时差。此时，剪辑师可能需要精修每一个音节的位置，甚至使用音频拉伸技术来微调音节的长度。此外，还可以通过淡化音头和音尾来掩盖一些难以处理的时差问题，这种方法被称为"渐变技术"。

除了技术层面，剪辑师还需具备艺术方面的审美和敏锐的听觉。无论多么先进的技术手段，最终的目的都是提高观众的视听体验。因此，剪辑师在进行 ADR 剪辑时，还需综合考虑对白的情感表达、环境声音的协调以及整体音效的统一。

三、音效剪辑

音效剪辑是通过添加、补充、替换和调整各种声音元素，使画面更具真实感和表现力的一项工作。该内容需要对涉及的声音素材进行选择和处理，同时还需创造性地融合各种声音，以实现最佳的视听效果。音效剪辑的工作重心包括对环境声的添加、缺少音响的补充、不合适音响的替换，以及使各个声音段落之间平滑衔接。此外，还包括对一些声部进行音量调整或音色处理，以及对于多声道立体声影片中的静态声像定位和动态声像移动处理。

每个音效剪辑项目开始时，第一步是获取声音场记单的拷贝并进行快速浏览。这一步骤的目的是检查是否有需要补录或其他杂项的录音素材，并在仔细审听后决定素材的使用方式。补录的同期音效，例如特殊道具声和周围的环境声，常常可以直接应用。有些同期音效需要从对白轨中分离出来，以备国际声带使用。如果有合适的拟音素材，可以用来替代同期音效，有时这些素材甚至比当时录制的效果更好。

在音效剪辑过程中，可能遇到这样的情况：喜欢某件道具发出的特殊音效，但遗憾的是在道具发声的同时，演员正在念对白。如果要保留这个道具的音效，需要检查备用声轨，寻找那些在演员对白间隙发出的声音，并将其剪辑保存。这种对声音细节的关注和处理，使影片的音效更加生动、真实。

背景声音在整部作品中是唯一从头到尾一直播放的声音元素。立体背景声的预混是整部影片声轨的基础，它像一块立体的声音画布。在审查背景声素材时，除了需要对其音质进行严格的审听，还要从戏剧角度进行观看，以确保与银幕上的动作紧密配合。有时，可以在画面上找到一些小动作，让其与背景声中的某些内容对应，并提高视听的一致性和感官体验。只使用一条立体背景声并不能发挥最大作用，通常需要将两条或更多条的立体背景声叠加在一起，创造出全新的声音效果。背景声与同期对白一起播放时，需要仔细聆听，确保背景声不会干扰对白，否则就需要更换背景声。

音效剪辑中有一些常用的技巧，例如层叠技术和声像迅速移动。在进行交通工具音效剪辑时，需要先对真实事物进行观察，尝试在影视作品中复原。例如，剪辑汽车声时，在车辆移动之前，引擎已经开始加速。因此，必须按这种方式剪辑声音，调整加速声的位置，让它与画面上的动作同步播放，直到声音与画面的结合听上去协调为止。

立体声效的制作需要对原始录音素材进行精细的剪辑和处理。在这个过程中，剪辑师不仅需要高超的技术，还需要敏锐的艺术感知能力。在处理声音时，音效剪辑师需要特别注意不同声源的空间定位。立体声效的最佳效果依赖于声源之间的相对位置和运动。通过对不同声源的精准处理，可以使观众在听觉上产生身临其境的感觉。立体声效的预混需要对各个声轨进行严格的筛选和处理。在创建立体声效时，需要考虑声音的方向性和空间感。例如，在处理背景声时，可以将不同的声音元素分配到不同的声道中，从而在立体声场中创建出一个丰富的声景。背景声音的预混不仅要确保各个元素之间的平衡，还要考虑声音的层次感和距离感。

音效剪辑的任务还在于需要保证不同声音元素之间的衔接更加自然流畅。在剪辑过程中，经常需要对声音进行裁剪和拼接，以实现无缝过渡。这不仅考验剪辑师的技术，更需要对声音的敏锐直觉。通过仔细调整音量、音色以及各个声音段落的衔接点，可以使最终的音效听上去如同原始录音般自然流畅。在某些情况下，音效剪辑师还需要对声音进行处理，以使其更加符合场景的需求。例如，可以对声音进行音调调整，使其更加符合画面情绪；或者对声音进行频率处理，去除不需要的噪声。这些技术手段使得音效剪辑不仅是一项技术工作，更是一门精细的艺术。

除了技术层面的处理，音效剪辑还需要高度的创造力。有时，为了创造出特别的音效，剪辑师需要寻找并使用一些非传统的音源。例如，可以通过击打金属物体、拉动弦乐器或者模拟自然界的声音，来创造出独特的声音效果。这样的处理不仅使声音更加丰富多彩，还能为影片增添独特的艺术魅力。

音效剪辑还可以对对白音效进行处理。在影视制作中，演员的对白是作品中的重要声音元素之一。为了确保对白的清晰度和可理解性，剪辑师需要对对白轨进行仔细处理。例如，在处理对白时，可以将背景噪声去除，增强声音的清晰度；或者对声音进行压缩处理，使其音量一致。这些处理手段确保观众在观看影片时能够清晰地听到每一句对白。此外，音效剪辑还需要根据作品的情节和情绪进行调整。在一些情感戏中，音效的选择和处理尤为重要。例如，在一场激烈的争吵戏中，可以使用强烈的背景声音来增强紧张感；而在一场浪漫的对话中，则可以选择柔和的背景声，营造出温馨的氛围。音效剪辑师通过对不同情节和情绪的把握，使得影片的声音表现更加贴合剧情发展。

四、音乐剪辑

作品配乐需要与画面紧密结合，因此在创作时就要充分考虑到画面的整体节奏和氛围。初期录制阶段，音乐的创作往往与画面同步进行，以确保音乐与影像的协调。然而，随着剪辑过程的不断深入，画面通常会发生变动，这就使得原先创作好的音乐面临新的调整需求。这一过程中，音乐剪辑成为一项极具挑战性的任务。

要实现无缝的音乐剪辑，许多因素需要全面考量。第一点是节奏。无论是背景音乐还是主题旋律，都需要与画面节奏保持一致，以增强观众的代入感。音乐节奏如果过于缓慢或快速，都会破坏整部作品的观感，导致情绪传达得不准确。

第二点是配器。一部成功的影视作品音乐往往依赖于复杂的配器技巧，通过多样化的乐器组合呈现出丰富的声效层次。当配器和画面场景不匹配时，情感表达便会失去平衡。因此，在剪辑过程中，调整和重新配器是一项极其重要的任务，需要音乐编辑具备深厚的配器知识和敏锐的艺术感知力。

第三点是合理运用音调。音乐的音调需要随着情节的发展和画面的变化做出相应调整，以达到情绪的最佳传递效果。例如，高亢的音调可以用于表现紧张刺激的场景，而低沉的音调则更适合悲伤或神秘的氛围。在画面变化带来的情感转折中，音调的调整需要做到自然过渡，这对于编辑而言也是一大挑战。

第四点是关注音乐的段落衔接和剪辑细节。即使再小的画面改动，也可能对整体音乐效果产生重大影响。因此，剪辑工作需要在每一个细节上都做到精确、无缝，这样才能确保音乐和画面在观众面前呈现出一体化的完美效果。

第六节　声音混录

混录是将各种剪辑好的声音元素整合并最终制成一体的过程。这一过程可以通过机械或电子手段进行保存和复制。混录包括两大基本内容：一是针对各条声轨的多种音频处理，二是将声轨内部及其彼此间的处理综合起来。在第一部分音频处理中，具体的操作包括电平标准化、增益调整、音量控制、降噪、压缩、限幅、嘶声降噪、扩展、均衡调整、滤波、混响、回声、音调转换、次谐波合成、声像调节及变调处理等。这些丰富多样的处理方法各自针对不同的音频问题或需求，从保证每条声轨的质量到提高整体的听感，层层递进，精益求精。第二部分则是综合处理，从声轨内部的调整到声轨之间的整合。这个阶段的重点在于平衡各声轨的音色和音量，建立起符合需要的声音空间感。通过对各声轨的综合处理，确保每个声音元素都能在总体的音频中占有合适的位置，而不会被其他声轨淹没或者互相干扰，从而达到统一和谐的效果。

　　混录棚的基本布局大体相同。然而，根据用途的不同，混录棚的体积和功能也会有所差异。用于电影制作的混录棚通常体积较大，与电影院的大小相仿。这是因为电影制作需要高度还原电影院的声学环境，从而在后期处理时能准确监听到最终在影院播放时的音效。而用于电视后期制作的混录棚则相对较小，因为电视节目相比电影在声学环境还原上的要求并没有那么高。网络、有线广播或其他录像节目同样如此。这些混录棚所需的基本声学特性是能真实地还原声轨，不会产生房间声音染色现象，这样才能确保声音的纯净和准确。在混录棚中，通常会在前方墙壁上悬挂一面银幕，调音台则设置在银幕与后方墙壁之间约 2/3 的位置上。调音台的尺寸和功能往往能反映出这个混录棚是用于电影还是电视节目。调音台作为声音调控的中枢，其设计和配备直接影响混录的效果。混录过程可以分为预混和终混两个阶段。

一、预混及信号处理流程

　　预混是一门需要慎重选择和艺术性处理的工作。它需要将成百上千条准备好的声音素材根据最基本的分类仔细筛选并合并成几组。诸如对白、ADR、群声、拟音、背景环境声、音效和音乐等，都会分别进行精细处理。混录师会仔细分析和全面检查每一个声音，处理音色并确保每部分音轨的音质，以便在终混阶段能够将这些素材合成一条完整的音轨。

　　在预混过程中，各类声音逐一处理，最终将多轨声音元素混录成 6 轨编组。例如，对白通常被混录在 6 个单声道音轨上；ADR 可能会混录成 6 轨主要音轨，或许会有另外 6 个 ADR 组；音效分类多达 6 种，分别包括 3 至 8 种不同设置，以及任何特殊设计的效果声；背景声也有 6 轨，统一设置。拟音则一般包含 6 轨脚步声和 6 轨道具声，在终混时，服装声音会被分离到单独的轨道，在预混时则无须加入。

预混通常从对白轨道开始，所以对白预混通常会给一周或更多的时间来处理，以确保效果最佳。接下来依次处理拟音、背景声、音效和音乐。值得注意的是，音乐只有在终混环节才会混录进去。如今，随着进度的加快和时间紧迫性的增强，一个混录棚处理对白，而另一个混录棚同时处理拟音的并行处理模式变得越来越常见。目前，通常由两名混录师处理所有的声音内容。当然，在小成本或独立电影制作中，由一名混录师完成整部电影的混音也是常见的现象。大多数混录师倾向于将同期声对白轨道作为样本，以校准其他所有的声音效果。

对白预混在整个预混过程中具有重要地位，其包括插入的现场环境声、同期补录对白和 ADR 对白等。按照 SMPTE（电影电视工程协会）规定的 -20dBFS 参考电平进行电平校准后，对白的峰值电平控制在 -10dBFS 以下是比较合适的。信号处理的顺序会直接影响处理结果，一些常规处理如均衡和滤波处理的顺序调换并不会对结果有明显的影响，但动态处理的结果与其顺序有很大关系。

二、终混

终混录是音频制作流程中的一个关键阶段，其重要性毋庸置疑。随着前期预混工作的结束，终混正式开始。终混的质量直接受到多种因素的影响，其中包括声轨的数量、通路分配以及最终母版格式的选择（无论是双声道还是 5.1 环绕声）。这些因素构成了终混的核心内容，也是影响最终音效呈现的关键环节。

在现代音频制作环境中，由于进度表的紧张以及对技术的过分依赖，终混常常被简化为预混或者临时混录后的常规流程之一，其原本的界限变得愈加模糊。这种趋势使得混录师很难在具体的音轨上集中精力，从而影响到终混的最终效果。然而，理想中的终混不仅是对所有先前编组声音素材的综合处理，更是一个格式化和精修的过程。这个过程的重要性在于，它为作品的最终呈现增辉添彩，是音频制作中的最后一个重要环节。具体来说，终混录包括对各个音轨的详细处理和优化。此时，声音工程师需要充分理解每一条音轨的特性，并根据整个作品的需要进行调整。无论是背景音乐的降噪处理，还是对白部分的音量均衡，每一个细节都需要被仔细打磨。通过这些调整，终混录确保了各个声部的完美融合，使声音层次更加分明，临场感更强。

声轨数量的多寡直接影响终混的复杂程度。在一部具有多条声轨的作品中，每一个声轨都需要与其他声轨协调一致，以达到和谐的音效。此时，通路分配显得尤为重要。合理的通路分配可以有效平衡各个声轨的音量和频率，使听者在听觉上感受到一种自然且连贯的声音流动。不仅如此，终混的一个重要任务还包括对最终母版格式的选择。不同的母版格式对声像分配有着不同的要求。双声道适用于一般的立体声系统，而 5.1 环绕声则专为家庭影院和高端音响系统设计。两者在声像分配上的复杂程度明显不同，需要终混录制者根据作品的具体需求进行调整和优化。

随着技术的进步，在小成本作品中，剪辑和混录通常会被整合成一个流程。这种方式虽然节省了时间和成本，但对声音工程师提出了更高的要求。在这样的制作环境下，终混的质量仍然不能被忽视。它仍旧是整个音频制作流程中一个不可或缺的环节，无论是在细节上的精雕细琢，还是在整体声音效果的提高方面，终混录都是为作品最后的完美呈现保驾护航的关键步骤。

参考文献

［1］ 张前.音乐美学教程［M］.上海：上海音乐出版社，2002.

［2］ 汝信.简明西方美学史读本［M］.北京：中国社会科学出版社，2014.

［3］ 蔡体良.中国当代舞台美术文稿［M］.北京：北京时代华文书局，2016.

［4］ 冉常建.东西方戏剧流派［M］.北京：人民文学出版社，2018.

［5］ 姚国强，张岳.电影声音艺术与录音技术：历史、创作与理论［M］.北京：中国电影出版社，2011.

［6］ 姚国强，甘凌.电影声音艺术与录音技术：历史、创作与理论［M］.北京：中国电影出版社，2012.

［7］ 金桥.动画音乐与音效［M］.上海：上海交通大学出版社，2009.

［8］ 伍建阳.艺术录音基础［M］.北京：中国广播电视出版社，1999.

［9］ 姚国强.影视声音艺术与技术：录音技术与艺术系列丛书［M］.北京：中国广播电视出版社，2003.

［10］ 韩小磊.电影导演艺术教程［M］.北京：中国电影出版社，2009.

［11］ 姜燕.声音的力量：中国电视剧声音理论与创作研究［M］.北京：中国传媒大学出版社，2017.

［12］ 宋杰.视听语言［M］.北京：中国广播电视出版社，2001.

［13］ 韩宝强.音的历程：现代音乐声学导论［M］.北京：人民音乐出版

社，2016.

[14] 姚国强.影视录音：声音创作与技术制作［M］.北京：北京广播学院出版社，2002.

[15] 文海良.效果器插件技术与应用［M］.长沙：湖南文艺出版社，2008.

[16] 付龙，高升.影视声音创作与数字制作技术［M］.中国广播电视出版社，2006.

[17] 高维忠.录音师基础知识［M］.北京：中国劳动社会保障出版社，2006.

[18] 周小东.录音工程师手册［M］.北京：中国广播电视出版社，2006.

[19] 熊鹰.软件合成器技术实战手册［M］.北京：清华大学出版社，2008.

[20] 李南.广播影视中的声音［M］.北京：中国广播电视出版社，2006.

[21] 段汴霞.广播影视配音艺术［M］.郑州：河南大学出版社，2011.

[22] 付龙，张岳.声音设计与制作：CG影像与动画［M］.北京：高等教育出版社，2005.

[23] 严定宪，林文肖.动画导演基础与创作［M］.武汉：湖北美术出版社，2007.

[24] 罗展凤.必要的静默：世界电影音乐创作谈［M］.北京：生活·读书·新知三联书店，2011.

[25] 周天纵.全新的3D声音体验：DolbyAtmos 与 Auro-3D［J］.演艺科技，2015（2）：5.

[26] 孙琳.用听觉感知世界：听涂灏讲述电影声音的创作故事［J］.影视制作，2019（5）：4.

[27] 于金霞."开心消消乐"游戏体验分析［J］.设计，2015（10）：2.

[28] 孙丽娜.《大话西游》：音乐与电影的完美结合［J］.电影文学，2011（22）：2.

[29] 蒋传红.论麦茨的电影符号学理论［J］.电影文学，2010（1）：

25-26.

［30］王旭锋.好莱坞电影声音设计：视觉图［J］.电影艺术，2008（5）：147-151.

［31］郑雨春.电影中的声音与电影录音［J］.北京电影学院学报，1987（2）：25.

［32］王珏.电影声音设计的概念及方法［J］.当代电影，2010（3）：6.

［33］庄元，范晓纬.完美的3D空间声音体验：访SWD-IOSONO声音实验室［J］.音响技术，2013（4）：4-7.

［34］庄元.余音绕梁如闻天籁：3D环绕声技术发展述评［J］.演艺科技，2015（3）：7.

［35］王钢，刘晓莎.电影杜比全景声创作初探［J］.现代电影技术，2014（5）：3-9.

［36］里晓行.杜比全景声对立体环绕声的技术革新［J］.科技传播，2017（6）：2.

［37］孙安可.探析杜比全景声制作的设置：以Pro Tools为例［J］.传媒论坛，2020（19）：114-115.

［38］徐卓，杨宏伟.数字影视作品的3D环绕声音响与声音设计［J］.中国传媒科技，2017（9）：2.

［39］金晶.游戏声音设计特征与听觉沉浸感研究［D］.南京：南京艺术学院，2014.

［40］潘婵.动画声音可视化的研究及运用［D］.北京：中国美术学院，2012.